家常食材科学选购与加工丛书

畜禽食材科学选购与加工

黄贺等编著

金盾出版社

内 容 提 要

　　畜禽食材是家庭餐桌上常见的菜肴原料。本书详细介绍了 36 种畜禽食材的营养价值和功效，以及优劣识别方法，内容包括畜禽食材源流与食性、畜禽食材的识别与选购、畜禽食材家庭保鲜与加工、畜禽食材科学搭配与营养菜肴加工等。

　　本书可帮助广大读者了解日常所食用的畜禽食材的源头，以及健康与食材的密切关系，适于餐饮业采购、烹前加工人员和广大家庭烹饪爱好者阅读，是家庭必备宝典，对食品商贸院校有关师生和科研人员有参考价值，亦可作为高等职业院校技能培训教材。

图书在版编目(CIP)数据

　　畜禽食材科学选购与加工/黄贺等编著．—北京：金盾出版社，2014.6
　　(家常食材科学选购与加工丛书/施能浦，丁湖广主编)
　　ISBN 978-7-5082-9259-5

　　Ⅰ．①畜…　Ⅱ．①黄…　Ⅲ．①畜产品—选购—基本知识②家禽—动物产品—选购—基本知识③畜产品—食品加工—基本知识④家禽—食品加工—基本知识　Ⅳ．①F762.5②TS251

　　中国版本图书馆 CIP 数据核字(2014)第 037216 号

金盾出版社出版、总发行
北京太平路 5 号(地铁万寿路站往南)
邮政编码：100036　电话：68214039　83219215
传真：68276683　网址：www.jdcbs.cn
封面印刷：北京精美彩色印刷有限公司
正文印刷：北京万友印刷有限公司
装订：北京万友印刷有限公司
各地新华书店经销
开本：850×1168 1/32　印张：4.25　字数：106 千字
2014 年 6 月第 1 版第 1 次印刷
印数：1～5 000 册　定价：11.00 元

序

　　"健康长寿"是中华民族一句传统的美好祝词,也是人们的一个愿望与追求。而健康的第一大基础就是"食",故"民以食为天"这一谚语流传千古。食材范围广泛,包括粮、豆、肉、蛋、奶、鱼、蔬菜、水果和菇菌类等。世界卫生组织提出合理膳食,推荐每日健康食谱为"一荤、一菇、一素"。"荤"指的是畜、禽、鱼等动物之类食品;"菇"指的是各种食用菌;"素"指的是蔬菜、水果。这些"三三制"食谱是 21 世纪人类饮食结构调整、合理膳食的向导。

　　随着经济的发展、社会的进步和物质文明的丰富,人们对生活质量的要求越来越高。国民营养与健康状况是反映一个国家或者地区经济与社会发展与人口素质的重要指标,良好的营养和健康状况,既是经济发展的基础,也是社会进步的目标之一。广大民众的营养健康直接关系着小康社会的发展和经济的腾飞,而经济的发展也影响着民众的生活质量,两者相辅相成。只有健康的民族,才会有富强的国家。

　　改革开放以来,我国经济发展迅速,尤其是农、林、牧、副、渔业发展速度较快,产量大幅度增长,绿色品种不断增加,为市场提供了大量食材,也为食品工业提供了丰富的加工原料,从而有了丰富多彩的食品货源。但应当看到,在生产发展过程中,也出现了产品质量不达标或者掺杂、鱼目混珠等问题,致使市场食物质量受到影响。随着 2006 年《中华人民共和国农产品质量安全法》的实施,广大民众的安全意识增强,对食品质量安全的要求更加迫切,对食材的性能和储藏加工,以及一日三餐膳食的调制更加关注。

为迎合这一时代潮流发展和亿万家庭日常生活实际需要,出版单位和有关专家深感有必要提供这方面的科普知识,因此,决定编写这套"家常食材科学选购与加工丛书"。丛书各分册包括粮豆、畜禽、水产、果品、蔬菜、菇菌六大类,全面介绍百姓日常生活所需食材的营养成分和药理功能,商品优劣的识别,食材家庭实用储藏保鲜与加工技术,以及食物科学搭配,养生食谱的调制等内容。经过有关专家的辛勤耕耘,这套丛书已陆续问世,期望能为广大百姓家庭提供系列的贴近生活实际的科学知识,改善膳食,提高生活质量。

福建省农林大学食品科学学院院长
福建省农林大学食品科学技术研究所所长
福建省食品添加剂工业协会理事长
福建省营养学会副理事长
福建省食品科学学会副理事长

郑宝东

前　言

　　中国畜禽类食材的食用源远流长,肉食文化底蕴深厚,并在烹调加工上不断推陈出新,数千年来成为人类物质文明的一种表现。

　　我们祖先早就提出了"五谷为养,五果为助,五畜为益,五菜为充"的正确膳食结构。猪、牛、羊、鸡、鸭、鹅、兔肉以及禽蛋,其营养十分丰富,主要有五大营养源,即蛋白质、脂肪、糖类、维生素、矿质元素。这五大营养源是人体健康的基本保证。随着现代生产力的发展和广大民众食品安全意识的增强,对畜禽食材的要求更加严格。

　　因此,畜禽食材的识别与选购、家庭保鲜与加工、科学搭配与营养菜肴加工,已成为家庭必备的一项基本知识。

　　本书面对城乡家庭需要,广泛收集资料,通过系统整理编著而成,希望能为广大读者提供一些有益的参考。

　　参加本书编写的有黄贺、王红玲、胡星照、丁荣峰、胡七金、阙洋洋。同时本书在编写过程中参考了不少专著,得到了相关学者和烹饪大师的鼎力支持,在此一并表示感谢!

　　由于作者水平有限,不当之处在所难免,敬请广大读者批评指正。

作　者

目录

第一章　畜禽食材源流与食性

一、中国肉食源流

从郭沫若《中国通史》的记载看,中国食材源流可追溯到公元前 4000 多年,原始人群除采集野菜、果子等用以果腹充饥外,还利用石器击毙飞禽走兽,用明火烧烤进食。在钟鸣鼎食、簪缨世族之家,常不惜用重金网罗名厨,在酬酢富宴乐中以逞一家之长。此风肇端于唐代,韦巨源官拜宰相后曾设"烧尾宴"款待武则天和诸大臣。宴会中的菜肴"玉液珍馐、水陆杂陈"极其丰盛。其菜品中以猪、牛、羊、鸡、鸭、鹅等肉类食材为主。

清嘉庆时代(1736—1820 年)史称"乾隆盛世",由于商品经济发展,中国烹饪技术达到新的高度。当时出版的《调鼎集》有十卷内容,其卷三收有猪肉类菜肴 318 种,卷四鸡类菜肴 109 种,鸡蛋菜肴 26 种,鸭类菜肴 96 种,鹅类菜肴 96 种,鸽、鹌鹑菜肴 17 种。

据有关统计资料显示,现我国人均消费肉类 25.3 千克,蛋类 11.8 千克,牛羊奶类 5.5 千克。人们对畜禽产品的需求已由数量型转向质量型,由品种单一型向品种多元化、优质化转变,同时对畜禽产品的安全、卫生要求不断提高,消费正处于小康向更加富裕的时代发展。肉食类消费每年平均将以 3％～5％的速度递增发展。我国畜禽产品的加工将由传统的加工业,跻身于世界的先进行列。

二、畜禽肉类的营养价值

畜禽类食材营养十分丰富,其主要营养成分有蛋白质、脂肪、糖类、维生素和矿质元素。

(1)蛋白质 是人类生命的基础,是衡量食物营养价值的第一要素。肉类蛋白质含量十分丰富,是众多食物中蛋白质含量占上风的食物。从肉类食品排位来说,猪肉是中国人的第一大肉类食品,牛肉列为第二大类,鸡、鸭、鹅肉则为第三大类。同一品种中不同部位的蛋白质含量也有差异。猪蹄每百克中的蛋白质含量为 22.6克,名列猪肉首位,其次,猪脊肉每百克含蛋白质为 20.2克,猪排骨为 18.3克,猪肘子为 17.0克,猪腰子为 15.8克。牛肉的蛋白质含量与猪肉持平,其中每百克牛腿肉含蛋白质为 20.3克,牛肉为 19.9克。羊肉、羊排每百克蛋白质含量均为 19克。鹌鹑每百克蛋白质含量为 20.2克,鸭肉每百克蛋白质含量为 16克,鹅肉为 16.5克。鸭掌蛋白质每百克含量高达 26.9克,比猪、牛、羊肉都高。鸡爪每百克蛋白质含量为 22.3克,与猪蹄持平。

(2)脂肪 肉类脂肪含量较高,猪肥肉的脂肪含量最高。一般肥肉多用于加工猪油,用于食品调制的原料油。人们日常食用的主要是猪的腿部到后腿部位的猪腱肉和猪里脊肉,以及猪排骨、猪蹄、猪五花肉等。这些部位的猪肉既含有脂肪又含有蛋白质。猪蹄每百克脂肪含量达 20克,还含有丰富的热量。羊肉每百克脂肪含量达 14.1克,而牛肉的脂肪含量相对于猪、羊肉低些。

在日常饮食中,不饱和脂肪酸是人体必需的营养物质。鸭肉中的脂肪含量比鸡肉高,比猪肉低,其所含的化学结构接近于橄榄油,主要是不饱和脂肪酸和低碳饱和脂肪酸,易于消化,还能对心脏起到一定保护作用。鹅、鸽、鹌鹑均为高蛋白、低脂肪的肉食,其脂肪含量主要是不饱和脂肪酸,且容易被人体消化吸收,对健康十分有益。鸽肉中含有较高的泛酸,能够预防脱发。

(3)糖类 主要成分为戊糖胶(木糖、核糖)、甲基戊糖(鼠季糖、岩藻糖)、己糖胶(葡萄糖、半乳糖、甘露糖)、双糖等(蔗糖)、氨基酸(氨基葡萄糖—葡萄糖胺,N—Z酰基葡萄糖胺)、糖醇(甘露醇、肌醇)、糖醛酸(半乳糖醛酸、葡萄糖醛酸以及甲基糖)。畜禽肉类的糖类含量比其他食物丰富。其所含的多糖中的戊糖胶是一种黏性物质,具有较强的吸附作用,可帮助人体将有害粉尘、纤维等排出体外,可预防肠胃中可导致病变的有害物的聚积。多糖中含有丰富的糖原,可吸附胆汁酸、胆固醇,降低血流中的胆固醇含量,加速尿液中钾离子和血液中的钠离子的排出,从而降低血压和血糖。

(4)维生素 是人体必需的有机化合物,参与所有细胞的物质与能量变化过程,利于人体各种生理机能的调节。维生素还具有消除人体自由基、增强免疫力、防止衰老等功效。尤其维生素D在紫外线照射下可促进钙的吸收,预防佝偻病。

畜禽肉类维生素含量十分丰富,主要有维生素A、B族维生素、维生素E,以及烟酸(维生素PP)。按每百克计算,猪脊肉中含维生素A 29毫克,猪蹄含维生素A 3毫克;牛肉中含维生素A 6毫克、维生素E 0.65毫克;羊肉中含维生素A 0.22毫克、维生素E 0.26毫克;鸡肉中含维生素A 0.37毫克、维生素E 0.32毫克;鸭肉中含维生素A 0.52毫克、维生素E 0.27毫克。常食畜禽肉类,可预防或避免维生素缺乏症,提高免疫功能。

(5)矿质元素 又称无机盐。常见的矿质元素有钾、钠、钙、镁、铁、锌、磷、硒等。这些矿物质和其他食物中和产生的酸对调解体液和维持细胞代谢起重要作用。其中磷有相当数量以卵磷脂的形式存在,有助于恢复和改善大脑功能。畜禽食材含有丰富的硒,以每百克计算,猪肉中硒含量达0.08微克,猪蹄硒含量达0.58毫克。牛肉、鸭肉、鸡肉均含有硒。近代医学研究表明,威胁人类健康和生命的癌症、心血管病、白内障、胰脏疾病、儿童生长发育不良和营养阻滞等多种疾病都与缺硒有关。因此,硒被誉为"生命的火种""心脏的保护神"。

三、畜禽肉类的保健功效

(1)健身壮体 人体健康成长主要靠营养支撑。猪肉中富含人体必需的氨基酸,还有血色素和促进人体铁吸收的半胱氨酸等物质,能有效改善造血功能和促进血液循环,达到健身壮体的目的。牛肉营养丰富,具有提高人体免疫功能和抗病能力的功效,尤其是牛肉中含有足够的维生素 A、B 族维生素、维生素 E,能有效防止动脉硬化以及老化,帮助蛋白质新陈代谢,对皮肤、头发生成也有一定的作用。乌鸡中含有丝氨酸、苏氨酸等 18 种氨基酸,能促进细胞新陈代谢,提高免疫力。近代研究发现,乌鸡中 DHA 的含量高于普通鸡的 2 倍以上,能促进儿童脑部发育。

(2)护胃固本 传统五行认为"土能生金"。中医学把胃比作土,人体通过胃的消化功能吸收营养。因此,胃健康是人体健康的基本。羊肉的肉质较猪肉、牛肉的肉质要细嫩,易于消化,且营养丰富,蛋白质和维生素含量较高,而脂肪、胆固醇含量较猪肉、牛肉均少。中医认为羊肉可温补脾胃,多食羊肉有固本健身作用。鹅肉中蛋白质含量高,而脂肪含量低,并且所含的是不饱和脂肪酸,人体容易吸收。因此,鹅肉具有补阴益气、暖胃开胃、祛风湿、防衰老的功效,非常适合身体虚弱、气血不足、营养不良的人群补充膳食。

(3)益气理血 气血是人体的精华,健康之本。畜禽肉类营养全面,其蛋白质和多种维生素及矿质元素含量高,有益气补血之功效。尤其鸡肉富含蛋白质,其脂肪含量低,且多为不饱和脂肪酸。鸡胸肉中含有对人体生长发育有重要作用的磷脂类,是人体摄取磷脂类物质的主要来源之一。中医认为鸡肉具有温中益气、补精填髓、壮腰强胃等功效。

鸽子和鹌鹑是典型的高蛋白、低脂肪、低胆固醇的食物,俗话常说:"要吃飞禽——鸽子鹌鹑。"鸽子中含有最佳的胆素,能防止动脉硬化。鹌鹑肉维生素含量比鸡肉要高 2～3 倍,尤其是所含的卵磷脂可生成溶血磷脂,抑制血小板凝聚,可有效预防血栓形成,保护血管壁。此外,鸡胗铁元素含量较高,可预防缺铁性贫血。

(4)强心明目　猪心所含的蛋白质、钙以及维生素等元素,能够增强心肌营养的供应和心肌的收缩能力。猪心中所含的营养物质还具有改善血液、养心安神的作用,因此,经常感到疲惫无力、四肢疲倦的人,也适宜多吃猪心。此外,猪心对于一些贫血以及营养不良的患者来说,能起到很好的食疗作用;对于经常心悸的人来说,也能起到很好的补心安神作用。

畜禽的肝脏是储藏养料和解毒的重要器官,其丰富的营养成分,可对人体发挥较好的保健功能。它不仅具有补血功效,其 B 族维生素还具有补充人体重要的辅酶,以及帮助人体解毒、排毒的作用,尤其是所含的维生素和微量元素硒还具有抗氧化功效。猪肝中维生素 A 的含量高于奶、蛋、肉、鱼等食物,可有效维持人体正常生长和生殖机能,还能对眼睛有保护作用,可防止眼睛干燥、疲劳。

(5)嫩肤养颜　畜禽食材中含有丰富的脂肪、蛋白质和多种维生素,对人体皮肤十分有益。猪蹄中的蛋白质、脂肪能防治皮肤干瘪起皱,增强皮肤弹性和韧性,对延缓衰老和促进儿童生长发育起到一定作用,因此,人们常把猪蹄称为"嫩肤美容食品"。猪尾中蛋白质含量最为丰富,且含有大量胶原蛋白。而胶原蛋白是人体维持皮肤光滑、有弹性的重要物质,是保证皮肤组织健康生长的重要营养成分。猪尾还能够改善青春期痘疮留下的疤痕,是美容的最佳食物。

第二章 畜禽食材的识别与选购

一、畜禽商品类型

1. 鲜活品

(1)商品性质 猪、牛、羊、驴、马(以下简称"五畜")经屠宰后的胴体和内脏属于鲜品,此类鲜品需经过卫生检验后,方可上市销售。而鸡、鸭、鹅、鸽、鹌鹑、兔等在市场上有两种商品性状:一种是屠宰后的胴体,经验证上市后属于鲜品;另一种是活禽活兔,购买者购回自行宰杀,此类属于活生品。

(2)品种类型 畜禽鲜活品种类型除活禽活兔外,分为新鲜品、冷却鲜品和冷冻保鲜品。

①新鲜品。"五畜"经过屠宰后的胴体按各部位分切解体,分为头、舌、腿、蹄、肋肉、脊里、排骨、五花肉、尾,以及内脏的肺、心、肝、腰子、肚、肠等均称为新鲜品。

②冷却鲜品。畜禽肉品是易腐烂食品,为延长肉的货架期,改善肉的卫生状况,通过冷却处理可控制和阻止微生物的生长繁殖,保持肉质新鲜度。此类畜禽肉品称为冷却鲜品。它是将刚屠宰完的胴体置于室内冷却,使畜肉体温下降,使微生物在肉表面的生长繁殖减弱到最低程度,并形成一层皮膜,减少弱酸的活性和肉内水分蒸发,延长肉的货架期。

③冰冻保鲜品。将畜禽肉在0℃以下冷藏,使肌肉中冻结水的含量逐渐增加,肉水分活度逐渐下降,从而抑制细菌的活力。因此,冷冻肉的形态似冰块状,且板硬冰滑,食用前需要进行解

冻,使冰体中的水溶化,肉即恢复到冻前的新鲜状况。

(3)购买导向　禽兔的鲜活品主要是在农产品市场经营,而超市和食品商店很少销售。猪、牛、羊等的鲜肉以及其冷却保鲜肉和冰冻保鲜产品等在各大中超市及农产品市场肉类专柜均有销售。

2. 腌腊制品

(1)商品性状　腌腊制品为我国历史悠久的传统肉类加工制品,是将畜禽屠宰后的胴体,通过刀工切割分体,用食盐、糖和调味香料等腌制后,再经清洗、晾晒风干或烤干、烟熏等工艺加工成的一类生肉制品。腌腊制品特点是腌制与干制有机结合在一起,从而提高了肉制品的成品率,加深了肉的色泽,改善了肉的风味,从而延长其贮存期。

(2)品种类型

①腊制品类。腊制品是将畜禽屠宰后的胴体经食盐、糖和调味香料等腌制后,再经晾晒或烘烤、烟熏等工艺加工而成的制品。市场上常见的腊制品有火腿、腊肉、腊猪舌、五香牛肉、五香羊蹄、腊兔、板鸭等。它们的主要特点是呈金黄色或红棕色,产品整齐美观,不带碎骨,有腊香,味美可口。腊肉制品在食用前须经熟化加工。

②咸制品类。咸制品多以猪肉或鸭、鸡、鹅作为原料,利用食盐的渗透压,把鲜肉水分析出,让盐液渗入肉内,起到防腐作用。咸制品特点为肉质紧实,含水率低;其肥肉呈白色,瘦肉呈玫瑰红色或红色,具有独特的腌制风味,稍咸,食用前必须通过清水泡浸淡化处理后,才能食用。

③酱卤制品类。酱卤制品是畜禽肉类加入水、食盐、调味料一起煮制而成的一种肉类制品。市场常见的有酱猪肉、酱牛肉、五香酱羊肉,以及酱鸭、糟鸡等。酱卤制品主要特点是色泽棕红,肉质脆嫩,具有香、甜、辣等不同酱香风味。酱卤制品食用前须熟

化加工。

④腊肠类。腊肠又称灌肠,是我国传统风味肉制品。市场上常见的有猪肉香肠、风味烤肠、萨拉米香肠、百味肠、熏肠、无硝香肠以及香肚等。腊肠主要以猪、牛、羊肉为原料,选择瘦肉、精肉剔除筋骨、腱后,切成小块配以食盐、白糖、胡椒及调味料调匀制成馅后灌制而成。腊肠属半生品,食用前应洗净,蒸熟后食用。其特点为贮藏性好,肉腻味香。

(3)购买导向　腌腊制品的商品经营点主要是各大中超市、副食品商场,以及南北杂货商店等,农产品市场中也有销售。农贸市场中的腊制品多为传统配料手工腊制,风味独特,价位也比较便宜,但购买时,要注意品质的安全性。

3.·肉干制品

(1)商品性质　畜类如牛、猪、羊等,体态肥大,一般选取腿部瘦肉,将其切成片状、条状或粒状,加盐、香料等调味后,通过烘烤工艺加工成肉干;而禽类多为整体焙烤成干品,如板鸭、板鸡、鹌鹑等。肉干制品特点为肉质坚实,口味醇香,回味无穷。

(2)品种类型

①畜肉干。市场常见畜肉干有牛肉干、猪肉干、羊肉干和猪、牛、羊肉脯。由于原料切割的形状不一,配合的调味料也不同,一般有甜味肉干、辣味肉干、甜咸肉干、香辣肉干等不同风味。陕西名产岚皋猪肉干就是其中一种。江苏靖江猪肉脯选料精细,经10多道工序制成,成品呈棕红色,光泽鲜艳,感官舒适,味道鲜美,甜中微咸,越嚼越香,余味无穷。

②禽肉干。常见禽肉干有板鸭、板鸡、鹌鹑。南京板鸭在国内外享有盛誉。湖南名产柳州辣鸡干以鸡肉分切成小块,调以辣椒、盐、香料等煮制后烤成干品,用铝膜复合袋包装,抽成真空,成为休闲美味小食品,颇受人们欢迎。

③肉松。肉松是选择猪、牛、羊、兔的瘦肉为原料,通过煮熟、

烤干、炒松配料、烘干等工艺制成绵绒状食品。市场常见的有猪肉松、牛肉松、羊肉松、兔肉松。福建的"鼎日有肉松"质地蓬松，清香适口，历史上地方官吏曾把它作为进贡皇帝的礼品。

(3)购买导向　肉干制品在全国大中城市的超市熟肉品专柜均有销售。各副食品商场和南北杂货店均有经销。大型农贸市场副食品摊点也有销售，但在买时要从食品安全角度上多加考虑。

4．烧烤肉制品

(1)商品性质　肉食烧烤源于蒙古草原的一种地方特色美食品，现风行全国，成为肉类加工的一种特殊工艺。烧烤制品多选择猪、牛、羊胴体某一部位，如肋排骨、脊肉或舌等，通过刀工切成块状、条状；而鸡、鸭、鹅、兔等均为宰杀后的整体，洗净后调入香油、酱料、糖、酒、精盐、香料、姜丝、葱花、花椒等腌制入味后，采用暗火挂炉、烤箱烧烤或地上的明火烧烤至熟后，包装上市。烧烤制品的特点为颜色红中偏暗，肉质酥脆，气味芳香，不需熟化即可直接食用，是一种风味独特的肉类美食品。

(2)品种类型　烧烤肉制品的原料以牛、猪肉为主。市场常见的有烤羊肉、叉烧肉、烤牛肉、熏牛肉、烧鸡、烤鸭、烤鹅、米烧兔等。常见名品有烤羊腿、烤猪蹄，而禽类烧烤名品较多，有驰名中外的皖北"符离集烧鸡"、北京全聚德的"挂炉烤鸭"，以及闽北的"米烧兔"、东北的"羊肉串"等。

(3)购买导向　烧烤制品在大中超市肉类熟制品专柜上都有经销。各地副食品商场、食品杂货店也有销售。

5．罐头制品

(1)商品性状　罐头制品是现代肉类精深加工的一种时尚产品，具有安全卫生、食用方便、储存期长的特点。由于罐藏容器密封性好，隔绝了外界的空气和各种微生物，可长期保存。其工艺流程为原料精选→漂洗杀青→修理分级→装罐注液→排气封罐→杀菌冷却→检验储存等。其产品规格整齐、安全卫生，保存期一般是两年。

肉类罐头制品均为熟食品,属于快餐类食品,消费面较宽,适合人们野外作业、军旅训练、旅游观光等食用。

(2)品种类型 市场上常见的有猪腿香菇罐头、羊肉栗子罐头、黄焖牛肉罐头、肉丁黄豆罐头、油香焖肉罐头、红烧鸡罐头、鸡丁腰果罐头、酱鸭罐头、烤鸭罐头、肉酱罐头、香炸鹅罐头、炸乳鸽罐头、腊鹌鹑罐头等,品种繁多。

罐头又分为铁罐装和玻璃瓶装两类,出口多用铁罐装,内销较多玻璃瓶装,直观感强。铁罐装的罐形与内容物净重物要求严格,允许公差为$\pm(1.5\% \sim 4.5\%)$。

(3)购买导向 罐头制品主要在各大中城市的超市、商场、零售店等销售。大型农产品市场所设的肉类产品营销专摊、橱、店,均可买到;而一般农贸市场罐头制品不适合经营,因环境湿度大,易引起铁皮罐头外包装腐蚀生锈,致使罐头品质发生变化,影响食品卫生安全。

6. 禽蛋

(1)商品性质 鸡、鸭、鹅、鸽、鹌鹑"五禽"所产出的蛋是一种高蛋白的营养品。市场销售的商品蛋类主要有鸡蛋、鸭蛋,其次有鹅蛋、鹌鹑蛋、鸽子蛋等。这些蛋品大都来自养殖场,还有一些专营蛋品的企业,通过包装放入保鲜库贮藏。常销的蛋品品性均属鲜品。鲜蛋采用盐水或酒精渍制加工的咸蛋、糟蛋则属半成品,须经蒸煮后食用;而皮蛋、茶叶蛋、卤蛋等属熟制即食品。

(2)品种类型

①鲜蛋。鲜蛋特点是新鲜度强,外观色泽光亮。蛋从禽体内产出后,会不断发生理化和生物学的变化,致使水分和能量消耗,加上蛋内二氧化碳的逸出及氧的渗入,蛋液的酸碱度升高,浓蛋白变稀,蛋黄膜弹性降低,蛋的品质下降。因此,常采用低温或气

调贮藏鲜蛋。

②皮蛋。皮蛋是我国著名的蛋制品,因加工用料和条件不同,分为破皮蛋(俗称湖蛋)和汤心皮蛋(俗称京彩蛋)两类。皮蛋多用鸭蛋加工,华北地区也有使用鸡蛋加工的。皮蛋呈青黑色凝固状(汤心皮蛋的中心呈黏糊状),蛋白呈半透明的褐色凝固体。成熟皮蛋的表面有美丽花纹,状似松花,故又称松花蛋。当用刀切开后,蛋白色泽变化多端,故又称彩蛋。皮蛋属于即食品,其营养价值高,味道鲜美,易于消化。

③咸蛋。咸蛋主要用食盐腌制而成。食盐有一定的防腐作用,可以抑制微生物的产生,使蛋内容物的分解和变化速度延缓,所以咸蛋的保存时间较长。市场上常见的商品咸蛋有两种:一种是采用盐水浸泡的咸蛋,其蛋白表面常有黑斑;另一种是盐泥涂布的咸蛋,其蛋壳表面包裹一层黄泥土。两种咸蛋均属半成品,须经蒸煮熟后方可食用。

④糟蛋。糟蛋是利用酿造米酒的糟粕,加入食盐等调成浓浆,再将鲜蛋轻击出裂纹后,用糟浆包裹后装坛腌制而成。市场上常见的有浙江平湖糟蛋、四川宜宾糟蛋。糟蛋是半成品,须煮熟后方可食用。其蛋白呈乳白色胶冻状,蛋黄为橘红色半凝固状。其蛋质柔软,食之沙甜,滋味醇香。

⑤熟蛋品。熟蛋品通常是鸭蛋或鸡蛋用食盐、茶叶、八角等香料经煮沸至熟的即食品。市场上常见有五香茶叶蛋、卤蛋。

(3)购买导向　鲜蛋、皮蛋在大中城市的超市和农产品市场蛋品专柜与货摊均有销售。蛋品专营商店和副食品商店无论是鲜蛋还是皮蛋、咸蛋、糟蛋均有供应,而五香茶叶蛋、卤蛋等即食品多见于旅游观光景区小卖部或街头巷尾饮食小排档等小吃摊点,在大都市商场超市难以见到。

7. 特定畜禽产品

畜禽类食材除常规生产与加工的产品外,近年来市场上还出现标有无公害、绿色、有机食品标志的产品。这是随着国家食品安全法的实施和广大民众安全意识的增强,畜禽生产与加工业适应新形势要求,在常规生产加工的基础上,不断转型升级,优化提升产品档次的一种优质品。这三种特定畜禽产品在市场的定位像金字塔一样,塔基是无公害,塔身是绿色,塔尖是有机,三者之间的共性是食品安全。三者之间的关系是无公害产品是基础,绿色产品是无公害产品的升级,有机产品是质量安全的顶峰。

(1)无公害　是指在无公害条件控制下产出的优质产品,其安全质量符合国家强制性标准的优质产品与初加工品。饲养条件、饲养管理、添加补充物质、畜群健康、屠宰验证、生产加工记录、产品质量全过程均须符合国家无公害的法规标准,经法定的专业质监部门检测,不含有毒、有害物质,符合国家规范的无公害产品标准。

无公害畜禽并不是未使用兽药的产品,只是兽药使用的品种、时期、用量残留量等应符合国家法定的强制性标准,不会对人体造成危害。无公害产品的标志如图 2-1 所示。

农业部农产品质量安全中心

图 2-1　无公害产品标志

(2)绿色食品　绿色食品遵循可持续发展原则,按照特定生产环境与特定生产方式产出的无污染、安全优质的产品,按照国家农业部正式公布的《绿色食品—动物卫生准则》《绿色食品—兽药使用准则》和《绿色食品—饲养及饲料添加剂准则》标准执行,其生产方式,产出的无污染、绿色畜禽产地认证和绿色产品认证,均由国家农业部绿色食品发展中心审批发证。绿色产品标志如图 2-2 所示。

(3)有机食品　是按照回归大自然和有机农业措施与相关标准要求产出无污染、无残留、无毒害优质营养型的产品。其生产过程严格执行 OCIA 有机食品颁证标准(第三部分、牲畜颁证标准)中的 12 条规定和 J/T 80—2001《有机食品技术规程》和《有机农业转变技术规程》标准执行,对关键技术进行监控,禁止使用化学合成物质以及转基因饲料和物质。有机食品由国家环保部有机食品发展中心审批,按照 FOAM《有机食品生产与加工基本标准》和 FDC《有机食品认证标准》执行。有机产品标志如图 2-3 所示。

图 2-2　绿色产品标志　　　　图 2-3　有机产品标志

　(4)**购买导向**　特定畜禽产品属于高档消费品种,一般在超市有售。绿色有机食品的价位比常规产品高 2～3 倍,一般大都市的菜市场也有几家专营企业,而在农贸市场很少见到。

二、畜禽食材选购基本方法

　畜禽食材包括畜禽肉类和以肉为原料的复制品与禽蛋产品均属于动物性食材,与植物性果蔬、菇菌食材的选购方法有本质上的区别。下面介绍畜禽肉类与蛋品的选购基本方法。

1. 肉类产品优劣识别

　(1)新鲜度识别　识别肉类的新鲜度要通过以下几种方法:

　①验。作为商品的畜禽在宰杀时必须在国家法定批准的屠宰场进行。宰杀前经过兽医疫病检验,符合健康条件,方可进行宰杀。宰杀后胴体上盖有"兽医验讫"标志。因此,作为家庭到市场购买肉类时,主要检查有否这个验证标志。

②观。以视觉来观察肉类的新鲜度。猪、羊是连皮带肉上市,而牛是剥皮净肉上市,鸡、鸭、鹅、兔是整只胴体上市。观察时,先看皮层,鲜品皮色洁白,除毛干净;再看肉色,猪、禽、兔的肉色鲜红,牛肉赤红,猪肉脂肪色白油润光亮,血管中无淤血。

③触。手按肉质,尤其是瘦肉部位,手感坚实有弹性,指压肌肉凹陷处立即反弹的为佳。

④闻。以嗅觉来衡量,鲜品均具有本身特有的肉香气味,尤其是羊肉有一种腥味;而猪肉、牛肉、鸡、鸭、鹅的肉香气味基本差别不大,但最基本的条件是无异味,无腐臭味。

(2)注水肉识别　正常的猪瘦肉为浅红色,有光泽;肉质紧密,切口湿润,稍有黏性。注水肉由于强行注水,破坏了原来的肌肉组织结构,加上注入的水质无安全保障等因素,易使肉质腐败变质。

注水肉的特点是表面有淋水的亮光,血管周围呈半透明状的红色胶样的浸湿,肌肉失去光泽,用餐巾纸贴在肉上不易揭下。由于注水肉破坏了肌肉纤维强力,因而失去弹性,以致手指按压产生的凹陷很难复原,且手触无黏性。注水肉用刀切开时,有水顺刀板溢出;若是冻结后的注水肉,切面能见到大小不等的水的结晶,注水严重的能看到肌肉纤维间有冻结胀裂的现象。

(3)瘦肉精猪肉的识别　瘦肉精猪肉是在猪饲养过程中喂过"瘦肉精"的猪肉。喂过"瘦肉精"的猪肉颜色鲜红,后臀较大,纤维比较疏松,肉质较软。若将肉切成2~3厘米宽立于砧板上则立不住。瘦肉精肉的脂肪层特别薄,小于1厘米。其瘦肉与脂肪的连接呈松散状,用手提起肥肉部位,瘦肉有掉下来的感觉。瘦肉与脂肪间有黄色液体溢出。

(4)老公猪、母猪猪肉的识别　老公猪和老母猪的肉一般都煮不烂,皮特别厚,皱纹多,皮面毛孔粗大;肉皮与脂肪间几乎没有界限,近似野猪肉,肌肉颜色深红或赤红或棕红色,脂肪色黄;

肉质断面颗粒大,无光泽;手感弹性小,干涩不润;闻有腥臭气味。

2. 禽蛋产品优劣识别

(1)孵胎蛋识别　孵胎蛋俗称"退蛋",是鸡、鸭产蛋前受精后产出的胎蛋。这种胎蛋在营养上比孵蛋略有差别,食性比鲜蛋稍差。识别退蛋可从外观上看蛋壳。正常的鸡蛋和鸭蛋蛋壳呈毛糙感,而退蛋在孵化过程需要多次调整位置,使蛋温均匀,所以蛋壳呈现壳色光滑,但气孔很粗。将蛋放在桌上旋转,退蛋的转动比正常蛋快,因退蛋受精在孵化期间控温培养,蛋白质已经凝固,有固定的重心,所以旋转得快。也可用光照透视,好蛋内部轮廓分明,而退蛋的蛋黄有红色血圈、血筋、血环表现,整体轮廓模糊不清。

(2)苏丹红蛋识别　苏丹红蛋是人为在鸡、鸭饲料中添加"苏丹红"化学染色剂,使鸡、鸭食用后渗透进入蛋黄中,使蛋黄呈红色的蛋品。苏丹红是一种化学染色剂,具有偶氮结构,对人体的肝、肾器官有明显毒害,具有致癌性。

识别苏丹红禽蛋只能从蛋黄的颜色上来对比。一般鸡、鸭蛋的蛋黄是金黄色,如果蛋黄颜色呈橘红或深红,比正常蛋黄耀眼,就不正常了。由于在外观上目前还没有方法来鉴别,所以在选购时,还是到信誉更好的超市或商场与蛋业专营店购买为好。

(3)人造鸡蛋鉴别　人造鸡蛋的蛋形较小,蛋壳光滑,色泽与天然鸡蛋无区别。即使把蛋打开,其蛋清和蛋黄分界也很清楚。人造鸡蛋也可做成双黄蛋、鸽蛋、鹌鹑蛋等。

识别人造蛋的方法是:用手触摸蛋壳,感觉比天然蛋稍粗糙;晃动蛋时,会有水分析出的响声。人造蛋没有天然蛋的那种腥味,打开蛋壳可观察到其蛋白与蛋黄融合紧密;入锅煎时,因包蛋黄的氧化钙包膜受热后会自然裂开,所以蛋黄会自然散开。

3. 活禽产品优劣识别

(1)看头冠　鸡、鸭、鹅等飞禽动物头顶有冠。健康禽头冠鲜红,挺直。

(2)**看羽毛** 健康禽的羽毛顺势,光亮鲜艳,两翅紧贴体旁,伸展自如。

(3)**看皮肤** 拨开羽毛看皮色,应以白或微黄为佳,而好的乌鸡的皮肤应为全黑色,手按皮层有弹性感。

(4)**看神态** 活禽眼睛有神,开闭自然,嗉囊软,肛门羽毛洁净,无黏附的粪渍。

(5)**看活力** 抓之会挣扎,鸣叫声响亮。

三、畜禽识别与选购

1. 猪肉

猪肉如图 2-4 所示。猪为"五畜"之首,是人们日常生活中常见的一种食物。以猪肉食材为主料烹调成的菜谱,自古以来数不胜数。无论是宫廷菜、公府菜还是市肆菜与百姓家常菜,几乎都离不开猪肉食材。清朝著名的"满汉全席"可谓"水陆杂陈",极其丰盛,猪肉亦是其中之一。每逢祭祖礼仪,猪肉更是不可或缺的祭品。因此,从古至今,无论是接待外宾的国宴还是重大庆典,以及民间婚庆喜筵,猪肉都是不离其席。

图 2-4 猪肉

（1）食用价值　猪肉富含人体生长发育所需的各种营养物质，且质地细嫩，烧、爆、炸、烤、炒、焖、煨、炖、蒸均可，适口性好。

①营养成分。猪腿肉、猪里脊肉、猪五花肉营养成分见表 2-1。

表 2-1　猪腿肉、猪里脊肉、猪五花肉营养成分（每 100 克含量）

项目	单位	含量	项目	单位	含量
热量	千卡	158.00	钾（k）	毫克	23.00
蛋白质	克	12.40	钠（Na）	毫克	195.00
脂肪	克	8.60	钙（Ca）	毫克	3.00
糖类	克	4.20	镁（Mg）	毫克	2.00
维生素 A	毫克	29.00	铁（Fe）	毫克	1.00
维生素 B_1	毫克	0.01	锰（Mn）	毫克	0.03
维生素 B_2	毫克	0.05	锌（Zn）	毫克	0.69
维生素 C	毫克	—	铜（Cu）	毫克	0.50
维生素 E	毫克	0.24	磷（p）	毫克	18.00
烟酸	毫克	0.90	硒（Se）	毫克	0.08

②功效作用。中医认为猪肉性平，味甘，具有益气理血、健壮脾胃、补虚强身、滋阴润燥、丰肌泽肤之功效。现代医学研究表明，猪肉能为人体提供优质蛋白质和必需的脂肪酸，可提供血红素和促进铁吸收的半胱氨酸，能改善缺铁性贫血，对身体欠佳、气血不调、热病伤津、消渴羸瘦、肾虚体弱、产后血虚、噪咳、便秘等症状都有一定食疗作用。此外，食用猪肉还能润泽肌肤，起到美容的作用。

（2）优劣识别　猪肉各个部位的肥瘦比例不一，成分也不同，食性亦有别。超市和肉摊多采用将整猪胴体分割成腿肉、里脊肉、肋肉、五花肉、排骨、肥膘、猪头、蹄爪、内脏等品种，以方便消费者按需选购。猪肉，又分为鲜肉、冻肉两种。

①活宰鲜猪肉识别。鲜肉选购是按食用习惯选材。腿肉或里脊肉可作为炒、爆、炸的食材；而作为焖、煨、焗食材，宜选夹肥夹瘦的五花肉；若作为炖、蒸、煲的食材，可选排骨或棒骨。

选购时，首先观察猪肉皮面上有否"兽医验讫"标志，然后进行活宰肉的识别。优质肉皮白亮、干爽，无残留伤疤，皮厚，毛孔细小，血管中无血；肌肉鲜红色，有光泽，组织厚实，指压肌肉后凹陷立即反弹，肥膘脂肪洁白。闻有肉香气味，无异味，为质量好活杀的猪肉；而死猪屠宰的猪肉，血管中有血，肌肉暗红，肉质松软，弹性差，部分脂肪略带粉红有血斑，闻无肉香味，且有异味。

②冻猪肉识别。冻猪肉简称冰肉，是屠宰场统一宰杀后，将猪肉置入 0℃～4℃冷库冰冻贮藏，作为分期分批运输进城供应的一种保鲜贮藏的商品猪肉。冷冻肉外观有一层薄冰膜，肉质呈板硬状态；由于低温结冰，肉质细胞液和水分收缩，所以其含水率比鲜肉低 8%；皮肤颜色比鲜猪肉偏白些，且呈渐水状；手感肉质紧实、偏硬，而不黏指；弹性差，指压凹陷痕难复原；闻无异味，符合上述标准属于正常品质。如果猪皮颜色偏红，并有红斑点；肉色红偏淡，肉质松软；闻有腐臭气味或异味，表明为鲜肉上市售不完时，再进冷库冰冻或是冷冻贮藏期间管理不善，中途温度失控，致使质变，虽后来调温冷冻，其腐质仍存。

2. 猪蹄

猪蹄如图 2-5 所示。猪蹄又名猪脚，为猪的四足，含腿膀和爪。猪蹄被誉为猪最为上等的部位食材。在南方闽、浙、赣、湘等地区，每逢亲属进入初寿（50 岁）、花甲（60 岁）、古稀（70 岁）等寿旦时，后辈必奉一只猪蹄，作为寿礼。朱元璋喜食猪蹄，后做了皇帝之后，专请名厨进宫烹饪猪蹄。由于"朱"与"猪"同音，厨师觉得尴尬，经过一番琢磨后，断然把"猪"改为"香"字，皇帝食"香蹄"

大为赞赏,由此"香蹄"闻名于世,成为盛宴和筵席上的名菜。美食家常推崇它有"类似于熊掌的美味佳肴"。

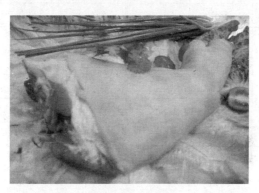

图 2-5 猪蹄

(1)食用价值 猪蹄之所以成为高雅敬品和礼品,主要是上腿部瘦肉丰满,脂肪含量少;下蹄脚皮厚,内肌肉幼、筋韧,熟制后,油香四溢,皮腻肉嫩,筋柔绵,十分可口。而且猪蹄中含有丰富的营养成分,在养生保健方面有其特殊的功效,因此,备受人们青睐。

①营养成分。猪蹄含有丰富的胶原蛋白,对人体皮肤具有特殊营养作用,因此,被称为美容食品。猪蹄中含有维生素 A、B 族维生素、维生素 E、维生素 K,以及钠、钾、钙等 10 种矿质元素。尤其是猪蹄中所含的蛋白质水解后,能产生胱氨酸、精氨酸等 18 种氨基酸。猪蹄营养成分见表 2-2。

②功效作用。中医认为,猪蹄性平,味甘咸,入胃经,可补血、通乳、托疮、润肌肤、补虚弱、填肾精、健腰膝,主治产妇乳少、痛疽、疮毒等。我国古代医学家推崇吃猪蹄,认为它比猪肉更能补益人体。

近代医学研究表明,猪蹄含有丰富的大分子胶原蛋白,可促进皮肤细胞吸收和贮藏水分,防止皮肤干瘪起皱,使皮肤中润饱

表 2-2　猪蹄营养成分(每 100 克含量)

项目	单位	含量	项目	单位	含量
热量	千卡	266.00	钾(K)	毫克	54.00
蛋白质	克	22.6.00	钠(Na)	毫克	201.00
脂肪	克	20.00	钙(Ca)	毫克	33.00
糖类	克	5.30	镁(Mg)	毫克	5.00
维生素 A	毫克	3.00	铁(Fe)	毫克	1.10
维生素 B_1	毫克	0.05	锰(Mn)	毫克	—
维生素 B_2	毫克	0.10	锌(Zn)	毫克	1.14
维生素 C	毫克	—	铜(Cu)	毫克	—
维生素 E	毫克	0.01	磷(p)	毫克	33.00
烟酸	毫克	1.50	硒(Se)	毫克	0.58

满,平整光滑,同时可使皮肤弹性增强。用猪蹄炖大枣、花生服食,有补气生血之效。用猪蹄炖通草(中药材),有滋阴、补虚、通乳作用,对热性病后体弱、产后体虚、乳少等有很好的食疗功效。

(2)优劣识别　猪蹄分为前蹄和后蹄。猪蹄质量好的标准是:蹄膀肌肉丰满,脂肪薄而白净,瘦肉厚而红艳有光泽;形态矫健,轮骨下的脚筒皮层厚,脚爪长势正常;皮层毛孔乱净,色白,无黑斑点、无伤疤;闻有肉香气味,无异味。如果蹄膀脂肪过厚,瘦肉红赤;皮层隐藏黑毛针,并有黑斑点或伤疤的,则为次品。如果闻有腐臭味或有异味,表明宰后上市货架期超长,不宜选购。

3. 猪棒骨、排骨

猪棒骨又称猪腿筒骨,即猪腿切取脂肪和瘦肉后,取其中的棒状骨头。排骨如图 2-6 所示,是猪背两旁肋肉切去皮层脂肪后的骨头。

(1)食用价值　棒骨含有丰富的骨胶原和蛋白质与多种维生

图 2-6　猪排骨

素,适合与其他食材一起煲汤食用;而排骨可红烧、清蒸、煲汤食用。两种骨头均含丰富的钙质,对人体健康大有益处。

①营养成分。棒骨、排骨均含有丰富的蛋白质、脂肪、矿物质和多种维生素。猪棒骨、排骨营养成分见表 2-3。

表 2-3　猪棒骨、排骨营养成分(每 100 克含量)

项目	单位	含量	项目	单位	含量
热量	千卡	167.00	钾(K)	毫克	62.00
蛋白质	克	18.30	钠(Na)	毫克	121.00
脂肪	克	11.20	钙(Ca)	毫克	8.00
糖类	克	3.00	镁(Mg)	毫克	6.00
维生素 A	毫克	12.00	铁(Fe)	毫克	0.80
维生素 B_1	毫克	0.07	锰(Mn)	毫克	0.30
维生素 B_2	毫克	0.01	锌(Zn)	毫克	1.72
维生素 C	毫克	——	铜(Cu)	毫克	——
维生素 E	毫克	0.11	磷(p)	毫克	29.00
烟酸	毫克	0.90	硒(Se)	毫克	0.07

②功效作用。猪棒骨、排骨含有丰富的钙质,能够起到强化人体骨骼的作用,因此,对于缺钙的人来说,用猪棒骨或排骨来熬汤,可以起到很好的补钙效果。尤其是青少年在发育过程中,对

钙质的需求量一般都比较大,适量地食用以猪骨为食材烹饪的菜肴,能够起到促进骨骼生长的作用。老年人钙质流失的情况比较严重,常食猪棒骨或排骨,可预防骨质疏松。排骨具有调理血脉的功效,对妇女月经不调亦有很好的食疗作用。

(2)优劣识别

①棒骨。棒骨头有软腻筋体,骨筒的周围黏带有腿部瘦肉,以骨面色白、纯净,并含有肉香气味的为优品。如果骨头和骨筒黏附肉和筋少,骨面有的部位淤血或有异色斑点,闻有异味,则为次劣品。

②排骨。优质排骨的标准是:骨条点面顺畅,大小均匀;内层连黏瘦肉适中;表面肉膜平滑光亮;内贴骨肉色泽鲜红,骨面肉膜白中透红;闻有肉香气味。如果骨条畸形,黏骨肉少,且色浅红,骨面肉膜呈晦暗红色,闻有异味,则为次劣品。

4. 猪肝

猪肝如图 2-7 所示,是猪用以储存养分和解毒的重要器官。猪肝质地柔嫩,适口性好,其丰富的营养成分,可对人体产生较好的保健作用。

图 2-7　猪肝

(1)食用价值　猪肝在餐饮业日常采购中被列为必备的食材,也是民众广为熟识和喜食的一种食品。尤其猪肝营养成分丰富,对养生保健有其特殊功效。

①营养成分。猪肝营养成分见表2-4。

表2-4　猪肝营养成分(每100克含量)

项目	单位	含量	项目	单位	含量
热量	千卡	129.00	钾(K)	毫克	235.00
蛋白质	克	19.30	钠(Na)	毫克	68.60
脂肪	克	3.50	钙(Ca)	毫克	6.00
糖类	克	5.00	镁(Mg)	毫克	24.00
维生素 A	毫克	4.92	铁(Fe)	毫克	22.60
维生素 B_1	毫克	21.00	锰(Mn)	毫克	26.00
维生素 B_2	毫克	2.08	锌(Zn)	毫克	5.78
维生素 C	毫克	20.00	铜(Cu)	毫克	65.00
维生素 E	毫克	86.00	磷(p)	毫克	310.00
烟酸	毫克	15.00	胆固醇	毫克	288.00

②功效作用。中医认为猪肝性平,味甘,具有补血、明目、健胃、护肝的功效。猪肝中矿质元素的铁含量每百克高达22.60毫克,比鸡肉、鸭肉、猪肉、羊肉、牛肉的铁含量要高出10～20倍。由此可见,猪肝是非常好的补血食物。猪肝中的维生素 A 和维生素 E 的含量远远高于牛奶、蛋、肉、鱼等食物,具有维持正常生长和生殖机能的作用;还能对眼睛产生保护作用,可以防止眼睛干涩、疲劳。猪肝还可护肤美容,保持皮肤红润、有光泽。猪肝中的维生素 B_2 有利于补充机体重要的辅酶,帮助机体解毒、排毒。此外,其所含的维生素 C 和微量元素硒对增强人体免疫力、抗癌、防氧化、延缓衰老有一定的效果。

(2)优劣识别　肝脏形态正常,切面整齐平滑;颜色呈红褐色或棕红色,有光泽;组织致密,手捏肝体柔软,指压肝面弹性感强;闻有腥味、无异味,符合上述标准的均为优品。如果肝脏畸形,切面粗糙;颜色发青且失去光泽;手提肝体是硬感,指压无弹性,则为"硬肝"(俗称柴肝)或是曾患过病的肝脏,不但食时口感差,而且还有可能带有肝病菌。如果组织松弛,切面模糊,有臭味或酸味则表明肝已变质。

5．猪肚

猪肚如图 2-8 所示,是猪的消化器官,其质地脆爽,齿感性好,且富含蛋白质、维生素与多种矿质元素,是对人体健康十分有益的营养滋补品。

图 2-8　猪肚

(1)食用价值　猪肚来源有限,在烹饪制作上炒、爆、炖、蒸、煲均可,其口感清脆,风味独具一格,且营养丰富,又有特殊的养生保健功效,因此,食用价值很高。

①营养成分。猪肚属于高蛋白、低脂肪的食品,其多种维生素与钠、钙、磷、铁等矿质元素均有一定含量。猪肚营养成分见表2-5。

②功效作用。中医认为猪肚性微温,味甘,有补中益气、健胃

利脾之功效。

表 2-5　猪肚营养成分(每100克含量)

项目	单位	含量	项目	单位	含量
热量	千卡	63.00	钾(K)	毫克	—
蛋白质	克	12.60	钠(Na)	毫克	168.00
脂肪	克	1.80	钙(Ca)	毫克	8.00
糖类	克	8.00	镁(Mg)	毫克	—
维生素 A	毫克	3.00	铁(Fe)	毫克	3.00
维生素 B_1	毫克	0.03	胆固醇	毫克	165.00
维生素 B_2	毫克	0.15	烟酸	毫克	2.80
维生素 C	毫克	0.10			

(2)优劣识别　猪肚分为主肚与小肚,主肚为胃道,个大,而小肚为食道,个小。猪肚大小与猪体大小有关。选购时,一般以每个猪肚 1.5～2.0 千克为佳。肚体大,其肚层厚,组织坚实,熟制食用时营养积累足,质地柔韧脆嫩,香甜,口感佳;而肚层薄的,营养积累少,质地韧性差,香甜度不足。选购猪肚时,以肚体形态呈弧形状、肚层厚,内壁光滑清净、无黏附残渣、肚壁无出现溃疡斑和红肿块,肚外表呈乳白色或蜜黄色,内壁呈黄褐色或茶色,闻无粪臭味的为优品。如果肚体形态畸形,肚内壁消化物残渣清理不净,壁面出现溃疡病灶痕迹或是红肿块,则属次劣品。如果内层黏膜模糊,组织疏松,闻有腐臭味,表明鲜度已失,甚至已腐败变质。

6.猪心

猪心如图 2-9 所示,是猪的心脏器官。猪心质地脆嫩醇香,且营养丰富,对人体健康有益。

(1)食用价值　猪心质地脆嫩,炒、爆、焖、煨均可,颇受食客欢迎,且有一定的食用价值。

①营养成分。猪心含有丰富的蛋白质和各种维生素和铁、锌

图 2-9　猪心

等矿质元素,且脂肪含量低。猪心营养成分见表 2-6。

　　②功效作用。猪心具有补心安神的特殊功效。猪心含蛋白质、多种维生素与矿质元素,适合营养不良、气血不足的人群食用。

表 2-6　猪心营养成分(每 100 克含量)

项目	单位	含量	项目	单位	含量
热量	千卡	119.00	烟酸	毫克	6.80
蛋白质	克	16.60	钾(K)	毫克	—
脂肪	克	5.30	钠(Na)	毫克	71.20
糖类	克	1.10	钙(Ca)	毫克	12.00
维生素 A	毫克	13.00	镁(Mg)	毫克	—
维生素 B_1	毫克	0.19	铁(Fe)	毫克	4.30
维生素 B_2	毫克	0.48	胆固醇	毫克	151.00
维生素 E	毫克	0.74			

　　(2)优劣识别　猪心以个体丰满,皮面光亮,气管长短适中、不黏血浆,颜色暗红带紫、色泽自然,闻无异味的为优品。如果心

形畸偏或局部痛肿,气管偏长、血浆多,颜色红里晦暗、失去光泽、闻有异味,则为次劣品。

7.猪尾

猪尾如图2-10所示,又称节节香,即猪的尾巴,由皮质和骨节组成,所含胶质较多,口感柔腻软嫩而清香,因此,是餐饮业和百姓家庭颇受欢迎的一种食材。

图2-10　猪尾

(1)食用价值　猪尾含有大量胶原蛋白质,是维持人体皮肤光滑有弹性的重要物质,是保证皮肤组织健康生长的重要营养成分。而且猪尾适于烧、卤、酱等多种烹调方式,其食用价值很高。

①营养成分。每百克猪尾中含脂肪8.7克、蛋白质13.2克、维生素A 18.3毫克、维生素E 0.12毫克、矿质元素钙6毫克、铁1.6毫克、锌2.06毫克。

②功效作用。猪尾中蛋白质含量高,其胶原蛋白能使人体皮肤组织光滑有弹性,因此,有美容养颜的功效。猪尾还有补腰力、益骨髓的功效,能有效改善腰酸背痛等症状,还能预防老年人骨质疏松。用猪尾炖枸杞、桂圆或猪尾煲花生、栗子均具有补肾壮阳的功效。

(2)优劣识别　猪尾以形态自然;上端带肉,瘦肉鲜红;整条皮面白净不存毛;无疤痕,闻无异味的为优品。如果上端带肉部分色泽晦暗;整条皮面略带粉红;皮毛不净,伤痕多,属于次劣品。如果闻有粪臭味或腐臭味则进入质变期,不可购买。

8. 牛肉

牛肉如图 2-11 所示,是中国人食用的第二大肉类食品,仅次于猪肉。黄牛是国内主要的肉食牛品种,又称食用商品牛。黄牛肉肉质韧腻,适口性好,且营养丰富,因而成为餐饮业和民间婚庆宴席中不可缺少的一道菜肴。牛肉还能制成各种不同风味的食品,如牛肉罐头、牛肉干、牛肉脯等。四川达县"灯影牛肉"驰名中外,远销西欧和东南亚。

图 2-11　牛肉

(1)食用价值　牛肉营养十分丰富,同时具有养生保健的功效,因此,食用价值很高。

①营养成分。牛肉中蛋白质含量高达 20.20 克,其氨基酸组成更接近人体需要。牛肉营养成分见表 2-7。

②功效作用。中医认为,牛肉性温,味甘,有补益气、滋养脾胃、强健筋骨、化痰息风、止渴止涎的功效,尤其以补血功效最强。牛肉适用于中气下陷、气短体虚、筋骨酸软、贫血久病与面黄目眩的人群食用。现代医学研究认为,食牛肉可提高人体抗病能力,

对手术后、病后调养的人在补充失血、修复组织等方便特别适宜。牛肉中富含锌,具有消除人体疲劳与提高免疫力的作用。

表 2-7　牛肉营养成分(每 100 克含量)

项目	单位	含量	项目	单位	含量
热量	千卡	123.00	钾(K)	毫克	284.00
蛋白质	克	20.20	钠(Na)	毫克	53.60
脂肪	克	2.30	钙(Ca)	毫克	9.00
糖类	克	1.20	镁(Mg)	毫克	21.00
维生素 A	毫克	6.00	铁(Fe)	毫克	28.00
维生素 B_1	毫克	0.01	锰(Mn)	毫克	0.04
维生素 B_2	毫克	0.13	锌(Zn)	毫克	3.71
维生素 C	毫克	—	铜(Cu)	毫克	0.16
维生素 E	毫克	0.65	磷(p)	毫克	172.00
烟酸	毫克	6.30	硒(Se)	毫克	0.11

(2)优劣识别　牛肉一般有牛腱、牛腩、中肋条肉三种。牛腱即牛腿和牛脊两部位;牛腩即牛腹部,以及靠近牛肋处的松软肌肉,通常是指带有筋、肉和油花的肉块;而牛肋条肉是取自牛肋骨间的去骨条状肉。这部位含瘦肉较多,脂肪较少,筋也较少,选购时,宜参考以下方法选择。

①按需选择。牛肉的各个部位的质地不同,选购时,可按烹调加工方式不同来选择。如果用于炒、煮、爆菜肴,可选购牛腱、牛里脊。此部位瘦肉多,切片、切丝均可,与其他食材搭配,组合均匀,营养和形、色、味兼优。如果是用于炖、煲、焖菜肴,应选择牛腩。此部位肉、筋和油花比例恰当,经过炖、煲、焖其筋、膜熟化后,膨大绵松,肉质软烂,味道特别清香,适口性好。

②两类牛肉识别。市场销售的牛肉通常有黄牛肉和水牛肉两种。黄牛肉性温,补而不燥,不易上火,适合所有人群。水牛肉性凉,不易煮烂,故不如黄牛肉受欢迎。黄牛肉的肉质较结实,肌

肉夹杂脂肪,切面呈现大理石花纹状;肌肉呈红棕色或深红色,脂肪为淡黄色至深黄色。而水牛肌肉为暗红色,肉纤维粗而松弛,切面光泽强,亦带有紫色光泽,脂肪呈白色。

③鉴别汤水肉。注水后的牛肉表面有淋水的亮光,血管周围有半透明状的红色胶样浸湿;肌肉失去自然的光泽,肌肉组织强力弱,肉质失去弹性,用手指按下,就很难复原,手触肉体无黏性。注水牛肉用刀切开时,有水顺着刀板泌出。

9. 牛蹄筋

牛蹄筋如图 2-12 所示,又称牛筋,是牛腿中的韧带,质地柔韧,嚼之则有脆腻清香滋味,是牛胴体中营养丰富、适口性好的一种食材。

图 2-12　牛蹄筋

(1)食用价值　牛筋具有独特的柔韧质地和脆腻清香滋味,富含胶原蛋白,其脂肪含量比较低,具有独特的养生保健功效,因此,食用价值很高。牛蹄筋还可加工成干品常年供市。

①营养成分。每百克牛筋蛋白质的含量高达 34 克,比牛肉高 13.2 克,含维生素 A 4 毫克;维生素 E 0.2 毫克,矿质元素钙 5毫克、铁 3.2 毫克、锌 0.81 毫克。

②功效作用。中医认为,牛筋性温,味甘,食之有益气补虚、温中暖中的功效;对虚劳体瘦、腰膝酸痛、产后虚冷、腹痛寒症、中

虚反胃等症状有一定的食疗作用。牛筋含有丰富的胶原蛋白,具有增强细胞代谢的功能,能够延缓皮肤的衰老,起到护肤美容的作用。近代医学研究表明,牛筋具有强筋壮骨的功效,食用牛筋,可促进青少年骨骼的生长,减缓中老年人骨质疏松的速度。

(2)优劣识别　新鲜牛筋呈扣板状,柔韧性强,难以折断;颜色玉黄带白,表面光滑;闻有肉香气味,购买时,以牛筋体板面光滑,不黏油层筋体,表面纯净度好的为优品。如果板体黏附脂肪多,颜色黄黑,闻有异味,则为次劣品。鲜牛筋经过加工切成条状烘干后,成为干牛筋。优质干牛筋,筋条粗细以食指大小为适,且条体应无黏附脂肪和筋膜,颜色玉黄透明,敲有响声。如果筋条过粗,筋体黏附脂肪和筋膜多,色泽偏黑,闻有脂臭气味,则为次劣品。

10. 牛肚

牛肚如图 2-13 所示,即牛的胃脏,是牛用于消化食物的器官。牛肚具有独特的韧脆口感和香味,所含的各种营养成分具有养生保健的功效,因此,颇受百姓家庭的欢迎。牛肚常分割成两个部位,一个部位是厚肚,一个部位是百叶肚。

图 2-13　牛肚

(1)食用价值 牛肚由于质地韧脆,嚼之则有醇香味,口感极佳,而且含有对人体健康有益的营养元素,因此,尤具食用价值。

①营养成分。牛肚营养成分见表2-8。

表2-8 牛肚营养成分(每100克含量)

项目	单位	含量	项目	单位	含量
热量	千卡	72.00	烟酸	毫克	2.50
蛋白质	克	83.40	钾(K)	毫克	—
脂肪	克	1.60	钠(Na)	毫克	60.60
维生素 A	毫克	2.00	钙(Ca)	毫克	40.00
维生素 B_1	毫克	0.03	镁(Mg)	毫克	—
维生素 B_2	毫克	0.13	铁(Fe)	毫克	1.80
维生素 E	毫克	0.51	胆固醇	毫克	104.00

②功效作用。中医认为,牛肚性平,味甘,食之可起到补中益气,滋养脾胃的作用。牛肚含有丰富的蛋白质、脂肪、钙、磷、铁、锌等营养成分,对脾胃薄弱、气血不足、营养不良与病后体虚的人大有好处。营养学研究表明,用牛肚搭配白菜或蜜枣煲汤,可起到润肺清热、滋阴润燥的作用。由于白菜生津,而大枣又益气,食用此汤可有效缓解因天气燥热引起的口、鼻、唇等部位干燥的症状。

(2)优劣识别 购买时,应以肚肉厚,内外表层清洗干净;内肚壁无黏附渣宰残渣;闻无异味的为佳。百叶肚新鲜时是黑色的,市场上经过处理的呈乳黄色,属正常。如果百叶肚特别白,多是用化学漂白剂处理过的。漂白的百叶肚含有对人体有害的氯物质成分,所以建议大家还是买黑色或正常处理过的乳黄色牛百叶,这样安全性好。牛肚不论是厚肚层或是百叶层,在购买时,首先要看肚内层的清洁度,如果有宰杀杂物黏附肚内层;颜色呈灰白晦暗;闻有粪臭味或瘀水味,表明肚已变质,不可购买。

11. 牛舌

牛舌如图 2-14 所示，其肉质细嫩，属高蛋白、低脂肪的食品。

图 2-14　牛舌

(1)食用价值　牛舌肉质细嫩脆爽，适口性好，含蛋白质和多种维生素，以及多种矿物质元素，对人体健康十分有益。

①营养成分。牛舌营养成分见表 2-9。

表 2-9　牛舌营养成分(每 100 克含量)

项目	单位	含量	项目	单位	含量
热量	千卡	196.00	维生素 E	毫克	0.55
蛋白质	克	17.00	烟酸	毫克	3.60
脂肪	克	13.30	钾(K)	毫克	—
糖类	克	2.00	钠(Na)	毫克	58.40
维生素 A	毫克	8.00	钙(Ca)	毫克	6.00
维生素 B_1	毫克	0.10	镁(Mg)	毫克	—
维生素 B_2	毫克	0.16	铁(Fe)	毫克	3.10
维生素 C	毫克	—	胆固醇	毫克	92.00

②功效作用。牛舌性温，味甘，有益气强身、健胃护脾、滋润皮肤等功效。

(2)优劣识别　牛舌以舌体肥厚、丰满、舌面净洁无黑斑点、无伤痕；颜色白中带粉红，舌尖偏白，舌头喉管骨质软；闻有肉香气味，无异味者为优品。牛舌表面有一层薄膜，烹制时，要将它去掉。如果舌头舌尖差别过大呈畸形，或舌面布有暗红或黑色斑点与伤痕；舌头喉管软骨体连带过多，或闻有腥臭味、沤水味，则属于次劣品。

12. 羊肉

羊肉如图 2-15 所示，古往今来均为丰盛宴席上不可缺少的佳肴之一，食用面广。

图 2-15　羊肉

(1)食用价值　羊肉肉质细嫩，味道鲜美，而且含丰富的营养成分，有益于人体健康，并对养生食疗有特殊功效，食用价值很高。

①营养成分。羊肉蛋白质和维生素含量较高，而脂肪、胆固醇含量较猪肉和牛肉都少，尤其是维生素 A 和维生素 E，以及钙、铁、锌等矿质元素含量，都比其他肉类高。羊肉营养成分见表2-10。

②功效作用。中医认为羊肉性温，味甘，能补有形肌肉之气，患肺结核、咳嗽、气管炎、哮喘的人食用羊肉十分有益。

(2)优劣识别　羊肉以肉质结实有弹性，手按凹陷处能复原快;皮层色白而干净,无红紫、黑色斑,无伤痕。颜色鲜红、有光泽,闻有腥味,无异味的为优品。如果皮色白净,肉色浅红,肉质现淋水状态,血管周围有半透明状的红色胶样浸湿;肌肉失去弹性,手指按的凹陷处难复原,手触无黏性,刀切肉会顺刀流水,则说明是注水肉。如果羊皮面有暗红肿块或有黑褐色斑点和痕疤,肉色呈紫红;闻有荤腥臭味,表明鲜度差,则为次劣品。

表 2-10　羊肉营养成分(每 100 克含量)

项目	单位	含量	项目	单位	含量
热量	千卡	109.00	钾(K)	毫克	108.00
蛋白质	克	18.00	钠(Na)	毫克	92.00
脂肪	克	4.00	钙(Ca)	毫克	12.00
糖类	克	2.00	镁(Mg)	毫克	9.00
维生素 A	毫克	16.00	铁(Fe)	毫克	2.30
维生素 B_1	毫克	0.22	锰(Mn)	毫克	0.08
维生素 B_2	毫克	0.05	锌(Zu)	毫克	2.14
维生素 C	毫克	—	铜(Cu)	毫克	0.12
维生素 E	毫克	0.53	磷(P)	毫克	145.00
烟酸	毫克	4.50	硒(Se)	毫克	0.62

13. 羊排

羊排如图 2-16 所示,即羊的肋条,是羊体中连接肋骨的肌肉。

图 2-16　羊排

羊排外面覆盖着薄薄的肉膜,肥瘦相间,肉质柔软,适口性好,因此,备受人们喜爱。

(1)食用价值 羊排肉质柔软,肥瘦适中,烧、烤、焖、煨、扒均可。羊排所含的营养物质比较丰富,深受人们欢迎。

①营养成分。羊排营养成分见表2-11。

表2-11 羊排营养成分(每100克含量)

项目	单位	含量	项目	单位	含量
热量	千卡	107.00	维生素A	毫克	15.00
蛋白质	克	19.00	维生素B$_1$	毫克	0.30
脂肪	克	3.00	维生素B$_2$	毫克	0.02
糖类	克	2.00	维生素C	毫克	—
烟酸	毫克	—	维生素E	毫克	0.26
钾(K)	毫克	103.00	锰(Mn)	毫克	0.05
钠(Na)	毫克	86.00	锌(Zu)	毫克	3.22
钙(Ca)	毫克	6.00	铜(Cu)	毫克	0.13
镁(Mg)	毫克	7.00	磷(P)	毫克	125.00
铁(Fe)	毫克	2.30	硒(Se)	毫克	0.58

②功效作用。羊排性温,味甘,入脾、胃、肾、经,可增强人体的抗病毒能力。羊排具有益气补血、温中暖胃、补虚健力、滋肾气、养肺腑、养肝明目等功效。

(2)优劣识别 羊排以皮层洁净,无异色斑块和伤痕,肌肉与排骨的比例均匀,瘦肉紧贴肋骨,中间不夹或极少夹有肥膘脂肪肉;肉色鲜红,有光泽,肉质紧实,手按肌肉有弹性;闻有羊肉腥味的为优品。若皮面绒毛含在内层,则为新旧毛交替未脱净,很难处理干净。如果皮面有黑褐色斑点或瘢痕,表明宰杀前患过皮肤病,治后留下病迹。若肥膘多,瘦肉少,比例不当;一般油脂多腥味过浓,适口性差;肉质组织偏湿,呈浅红色,且失去光泽;表明该肉是注水肉。如果闻有异味或荤腐味,说明宰后上市货架期超长,发生变质,不可购买。

14. 羊腰子

羊腰子如图 2-17 所示,即羊的肾脏,是一种可食可药的食材。在餐饮业和百姓家庭菜谱中,羊腰子与果蔬搭配烹饪成菜肴,口感风味独具一格。因此,羊腰子成为宴席上的一道名菜。

图 2-17　羊腰子

(1)食用价值　羊腰子质地柔嫩脆爽,适口性强,具补肾功效。

①营养成分。羊腰子营养成分见表 2-12。

表 2-12　羊腰子营养成分(每 100 克含量)

项目	单位	含量	项目	单位	含量
热量	千卡	90.00	维生素 E	毫克	—
蛋白质	克	16.70	烟酸	毫克	8.80
脂肪	克	2.50	钾(K)	毫克	—
糖类	克	0.10	钠(Na)	毫克	195.20
维生素 A	毫克	152.00	钙(Ca)	毫克	9.00
维生素 B_1	毫克	0.30	镁(Mg)	毫克	—
维生素 B_2	毫克	1.78	铁(Fe)	毫克	5.20
维生素 C	毫克	—	胆固醇	毫克	289.00

②功效作用。中医认为,羊腰子性温,味甘,具有补肾气、益精髓的功效,适用于肾虚劳损、腰脊酸痛、足膝软弱、耳聋、阳痿、尿频等人群食用。

(2)优劣识别 市场上羊腰子一般成双出售。羊腰子以个体肥大、饱满，外表黏附脂肪少；组织紧实，手按有弹性；颜色紫红或枣红，有光泽；闻有自然气味，无异味的为优品。如果个瘦薄，外黏脂肪多；组织偏弱缺弹性；颜色红黑、晦暗，失去光泽；闻有沤水味或腐臭气味，则为次劣品。如果鲜度差，属于变质品，则不可购买。

15.鸡肉

鸡如图2-18所示，为"五禽"之首，也是中国人最为普遍食用的肉食之一。鸡的品种有普通肉鸡和乌鸡，以及珍稀的火鸡、雉鸡。鸡肉历来被视为美味食品。1915年，我国的乌骨鸡在巴拿马万国博览会上获得好评。鸡肉不仅是国宴、民间喜庆宴席上不可缺少的一道名菜，也是城乡百姓家庭进补膳食和日常菜肴的大众化食物。比较珍稀的火鸡、人工驯养的鸪鸟更是肉食菜谱中的上品。

(a)   (b)

图2-18 鸡

(a)活鸡 (b)鸡肉

(1)食用价值 鸡肉质地幼嫩，滋味清甜，富含蛋白质、脂肪、糖类，以及维生素和矿质元素，是一种高蛋白、低脂肪、营养价值很高的营养品,可作为养生保健食品。

①营养成分。鸡肉蛋白质含量与牛肉相近,每百克鸡肉维生素含量达 14.6 克,比牛肉、猪肉、鸭肉都高得多。鸡肉营养成分见表 2-13。

表 2-13 鸡肉营养成分(每 100 克含量)

项目	单位	含量	项目	单位	含量
热量	千卡	167.00	钾(K)	毫克	251.00
蛋白质	克	19.30	钠(Na)	毫克	63.30
脂肪	克	9.40	钙(Ca)	毫克	9.00
糖类	克	1.30	镁(Mg)	毫克	19.00
维生素 A	毫克	0.48	铁(Fe)	毫克	1.40
维生素 B_1	毫克	0.05	锰(Mn)	毫克	68.00
维生素 B_2	毫克	0.09	锌(Zu)	毫克	10.90
维生素 C	毫克	—	铜(Cu)	毫克	0.07
维生素 E	毫克	0.67	磷(P)	毫克	156.00
烟酸	毫克	5.60	硒(Se)	毫克	1.18

②功效作用。中医认为鸡肉性平、温,味甘,有温中益气、补精骨髓的功效。我国闽南地区女人在生产分娩期内,常用鸡肉炖红菇作为补血营养品。鸡肉与白菜、银耳煲汤,可嫩肤养颜;鸡肉炖莲花和莲子,可润肺清热。

(2)优劣识别 市场上常见有活鸡和鸡肉两种。活鸡分为公鸡和母鸡,作为菜肴,以公鸡为适;而作为药膳多选母鸡或老母鸡。

①活鸡。活鸡应以体态健壮活泼,一般个体重量 1.8～2.3 千克为适,过重表明饲养期长,肉体过肥的多为饲料鸡。选购时,一看鸡冠。健康鸡的鸡冠鲜红,挺直,全身羽毛光亮鲜艳。二看脖翅。健康鸡的脖子伸展自如,两翅膀紧贴体弯。三看皮肤。推开外毛看皮色白或稍黄,乌肉鸡皮色乌黑,按皮层有弹性。四看

神态。眼睛有神,嗉囊软,肛门羽毛洁净,无黏粪便。五看活力。抓之会挣扎,鸣叫声亮。符合上述五个条件的为佳品。反之,鸡冠淡红,紫黑或偏白;眼睛半开半闭,含有黏液;皮肤发红或发紫;翅膀下垂,羽毛蓬松;肛门周围羽毛黏有白色或绿色粪便,嗉囊发硬等,属于病鸡,不可购买。

②鲜鸡肉。选购时,首先检查是否有兽医检验证标志;然后观察脖子宰割刀口,活杀鸡的刀口不平整,刀口部位有血液湿润,呈鲜红色不黏,有弹性。还要观察鸡体,鸡体皮肤白或稍黄,皮层内无潜藏毛管;肉质组织紧密,手感有弹性,肉色鲜红或红中微紧;闻有肉香气味,无异味,则为优品。如果脖子宰割刀口平稳,刀口部位无血液,并且睛红;肉湿、色暗晦,则属于死禽冷斩。如果皮肤偏白,肉色红或暗红微紫;手感弹性不明显,而且湿水,则说明是宰后浸水增重的鸡肉;如果形、色偏弱,闻有荤臭味,说明该鸡肉货架期超时,已进入变质期,不可购买。

③冻鸡肉。冻鸡肉是常见的禽类商品。冻鸡是活鸡通过屠宰场宰杀洗净,切割去翅膀、脖头,进入冷库进行低温冻结处理的一种保鲜品。冻鸡的外观整体披一层很薄的冰膜,鸡肉呈板硬状态。由于低温结冰,肉质细胞液和水分收缩,所以其含水量会比鲜鸡肉低8%。鸡体皮色比鲜鸡会偏白些,且呈渐水状态;手感肉质紧密偏硬,而不黏指,且闻无异味,则属于正常品质。如果鸡体形态不规整,呈现畸形;皮色除乌鸡全身呈乌黑外,其他鸡皮色出现巫白或白中偏黑或灰黑色;闻有霉味、腐臭味或沤水味,说明货架期已超长或冰冻贮藏过程管理失控而发生变质,此类冻鸡肉属次劣品。

16. 鸡腿

鸡腿如图 2-19 所示。

(1)食用价值 鸡腿是鸡体中肉质最为丰满的部位,其肉质比鸡胸脯肉幼嫩爽口,且蛋白质含量较高,也是鸡体上含铁与脂

图 2-19 鸡腿

肪最为丰富的部位。江南一带民间逢年过节或在老人寿旦时,均把鸡腿作为孝敬长辈的上等食品。

①营养成分。鸡腿富含蛋白质、脂肪和维生素 A、维生素 E,以及铁、锌、钙、镁等矿物质元素,是鸡体中营养最为丰富的部位。鸡腿营养成分见表 2-14。

表 2-14 鸡腿营养成分(每 100 克含量)

项目	单位	含量	项目	单位	含量
热量	千卡	181.00	维生素 E	毫克	0.03
蛋白质	克	16.40	烟酸	毫克	6.00
脂肪	克	13.00	钾(K)	毫克	—
糖类	克	—	钠(Na)	毫克	66.40
维生素 A	毫克	44.00	钙(Ca)	毫克	6.00
维生素 B_1	毫克	0.02	镁(Mg)	毫克	—
维生素 B_2	毫克	0.14	铁(Fe)	毫克	1.50
维生素 C	毫克	—	胆固醇	毫克	162.00

②功效作用。鸡腿肉性温,味甘,能温中益气,强身健体。

(2)优劣识别 冰冻鸡腿与冰冻肉品性相似,外披一层薄水。腿状规整,腿关节断开;腿丰满肥厚,切面平整,皮肉紧连;皮白洁净,肉呈红色偏浅;闻无异味,则为优品。如果腿肉表层为沥水状态,说明因保鲜温度失控而导致肉品脱水;如果腿皮呈现黑色、灰褐色斑点或整个腿皮色泽白中带黑;腿肉呈红褐色;闻有荤臭味或淤水气味,则属不合格品。

17. 鸡翅

鸡翅如图 2-20 所示,是鸡身两边的翅膀,与鸡腿、鸡爪属同一种商品类型,均为统一整理、包装、冷冻上市,属冻鸡系列产品之一。鸡翅的皮层比鸡胸部和腿部的都薄,肉质也比整只鸡体各部位都幼嫩,因此成为老少皆宜的食品。

图 2-20　鸡翅

(1)食用价值 鸡翅烹饪后,由于皮薄肉幼嫩,风味独特,颇受民众欢迎,而且鸡翅营养丰富,蛋白质、脂肪、糖类,以及维生素 A、维生素 E 和铁、钙、纳、铁等矿质元素含量都比较高,并在养生保健上又有特殊功效,食用性好。

①营养成分。鸡翅营养成分见表 2-15。

②功效作用。中医认为鸡翅性温,味甘,具有健胃益气补精添髓、养肾壮腰的功效。近代医学研究表明,鸡翅中含有大量的胶原蛋白成分,长期食用对皮肤有好处。而且胶原蛋白对血管柔

松有一定作用。

表 2-15　鸡翅营养成分（每 100 克含量）

项目	单位	含量	项目	单位	含量
热量	千卡	194.00	脂肪	克	11.80
蛋白质	克	17.40	糖类	克	4.60
维生素 A	毫克	68.00	钾(K)	毫克	—
维生素 B_1	毫克	0.01	钠(Na)	毫克	0.80
维生素 B_2	毫克	0.11	钙(Ca)	毫克	8.00
维生素 C	毫克	—	镁(Mg)	毫克	—
维生素 E	毫克	0.25	铁(Fe)	毫克	1.30
烟酸	毫克	5.30	胆固醇	毫克	113.00

（2）优劣识别　冰冻鸡翅表层附着一层薄冰，选购时，以翅头削口平整，翅根肥厚，翅尖顺势；色泽白或白略呈弱红；闻无异味的为优品。如果翅根偏薄，其肉质少，食口性稍差；如果翅颜色巫白晦暗或显红，皮面出现黑色斑点；皮层含有毛管；闻有沤臭味或荤味，则属次劣或变质品。

18. 鸡爪

鸡爪如图 2-21 所示，又名鸡脚、鸡足等，是肉食加工厂在活鸡宰杀分体时切割下的鸡脚，通过清理、包装、冷冻上市。鸡爪是一种普受家庭欢迎的食品，也是餐饮业卤食酱食中誉称"凤爪"的名菜。

（1）食用价值　鸡爪皮、筋多，胶质多，熟制后皮脆筋腻，嚼之有醇香味，食性极佳，成为民众喜食品种之一。

①营养成分。每百克鸡爪蛋白质含量高达 23.9 克，比鸡胸肉、鸡腿肉都要高 20%～25%。鸡爪皮筋多，富含胶质，而且维生素 A、维生素 E，以及钙、铁、钠等矿质元素含量都较高，是一种营养十分丰富的食品。鸡爪营养成分见表 2-16。

图 2-21 鸡爪

表 2-16 鸡爪营养成分(每 100 克含量)

项目	单位	含量	项目	单位	含量
热量	千卡	254.00	维生素 E	毫克	0.32
蛋白质	克	23.90	烟酸	毫克	2.40
脂肪	克	16.40	钾(K)	毫克	—
糖类	克	2.70	钠(Na)	毫克	169.00
维生素 A	毫克	37.00	钙(Ca)	毫克	36.00
维生素 B_1	毫克	0.01	镁(Mg)	毫克	—
维生素 B_2	毫克	0.13	铁(Fe)	毫克	1.40
维生素 C	毫克	—	胆固醇	毫克	103.00

②功效作用。鸡爪性平,味甘。其所含的胶原蛋白对人体增强皮肤弹性有较好的效果,适量食用鸡爪还可以舒筋活血。因此,患有心血管以及动脉硬化疾病的人,可以经常食用鸡爪。民间以鸡爪炖无花果作为消除脸部黑斑的膳食;用鸡爪煮红萝卜、排骨,还可润肺清热。

(2)优劣识别 鸡爪多冰冻品上市,选购时,以整爪肥大皮筋丰富,爪色洁白无黑色斑点,闻无异味的为优品;而爪体小、肉层薄、筋质软的质差;如果爪体色白中偏黑且晦暗,爪皮现有黑色斑点,闻有荤臭或霉沤气味者为次劣或变质品。

19. 鸭肉

鸭如图 2-22 所示。鸭在北方常见的有北京鸭、麻鸭,南方多见全番鸭和杂交半番鸭。鸭肉是我国广大民众所喜欢的一种食品。鸭是生长于地上、游漂于水面的动物,鸭肉是一种很好的滋补营养食品,历来被视为席上佳肴,清朝"满汉全席"上以鸭食材为主的菜谱就有好几道,其中闻名于世的是京城酥皮烤鸭,是清宫御膳房里的佳肴之一。

(a)

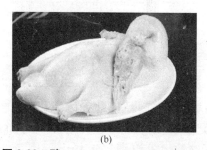
(b)

图 2-22　鸭

(a)活鸭　(b)鸭肉

(1)食用价值　鸭肉的营养价值很高,其蛋白质含量比畜肉的含量高 16%～25%。鸭肉中的脂肪含量适中,比鸡肉高,比猪肉低,且分布均匀,其所含脂肪的化学结构接近于橄榄油,主要是不饱和脂肪酸、低碳饱和脂肪酸,熔点低,人易于消化,而且 B 族维生素、维生素 A 和维生素 E 的含量都比其他肉类高。

①营养成分。鸭肉营养全面,是肉类中含维生素最为全面的食品。鸭肉主要营养成分见表 2-17。

②功效作用。中医认为,鸭肉性寒,味甘、咸,具有补益劳、滋五脏、清虚类之热、补血、养胃生津、止咳、清热健脾等功效。

鸭肉含的蛋白质主要是肌浆蛋白和肌凝蛋白,可增强体质,提高机体抵抗力。其所含的脂肪主要是不饱和脂肪酸和低碳脂

表 2-17　鸭肉营养成分(每 100 克含量)

项目	单位	含量	项目	单位	含量
热量	千卡	189.00	钾(K)	毫克	100.00
蛋白质	克	17.30	钠(Na)	毫克	80.70
脂肪	克	9.00	钙(Ca)	毫克	12.00
糖类	克	0.20	镁(Mg)	毫克	14.00
维生素 A	毫克	0.47	铁(Fe)	毫克	2.50
维生素 B_1	毫克	0.22	锰(Mn)	毫克	—
维生素 B_2	毫克	0.34	锌(Zu)	毫克	0.90
维生素 D	毫克	13.60	铜(Cu)	毫克	0.21
维生素 E	毫克	0.20	磷(P)	毫克	84.00
烟酸	毫克	2.40	硒(Se)	毫克	0.10

肪酸,熔点低,易于被人体消化,还能对心脏起到一定的保护作用,尤其是所含的多种纤维素,对于抗衰老作用明显。

(2)优劣识别　市场上鸭肉分为活鸭、鲜鸭肉和冰冻鸭肉三种。

①活鸭。活鸭多在农产品市场禽蛋摊点专营。选购时,以背阔,体重,尾部肥圆的为宜。如果煲汤,一般用老鸭;如果是切片、丁块,该选嫩鸭。选购老鸭时,以毛色偏暗,无光泽;嘴筒坚硬,灰白色,脚掌色深红,脚部气管较硬,翼下的羽毛全部长出的为优品。而嫩鸭则相反,以嘴筒软,胸部呈黄色的为优。如果嘴不太硬不太软,则是不嫩不老中龄鸭。

健康活鸭以羽毛光亮,两翅贴身,皮透白或白稍黄;手按有弹性;眼睛活而有神,肛门羽毛洁净无粪渣;抓之叫声洪亮的为优品。如果鸭的翅膀下垂,精神萎靡不振;眼睛半闭有露液;皮肤变红或发紫,羽毛蓬松;肛门周围羽毛黏有白色或绿色粪便,则说明是病鸭。

②鲜鸭肉。鲜鸭肉选购时,可参照鲜鸡肉识别方法。但鸭与

鸡的不同点是鸭宰杀后身上的毛很难除尽,特别头颈和腿脚毛。因此,就有人将鸭子浸烫于熔融的沥青或松香中来煺毛。沥青煺毛会使沥青从皮层渗透进鸭肉内,对人体健康有害。一般经过沥青煺毛的鸭在入锅时汤的表层会呈现一些黑色的浮油。发现这种现象时,应把锅水倒掉,将鸭子再冲洗一遍后再煮,即可清除沥青残留。

③冻鸭肉。在农产品市场和超市肉类专摊上,冻鸭肉也是畅销品。冷冻鸭肉是肉类加工厂将活鸭统一宰杀,剖腹去掉内脏,切去脚掌、头颈,送进 $0℃\sim4℃$ 的冷库内贮藏,作为分批供货的一种保鲜性鸭体。但销售这种冷冻鸭肉的商店要有相应的冷藏环境。如果在常温条件下储存、运输和销售,其肉质会大大下降,甚至变质。因此,在购买时,要按照家庭当日所需选购。

20. 鸭掌

鸭掌如图 2-23 所示,皮厚多筋、无肉,吃起来很有嚼劲,且风味独特,因而成为宴席中一道佳肴名菜。

图 2-23　鸭掌

(1)**食用价值**　鸭掌之所以备受消费者青睐,主要是皮筋多,且由于鸭肉少,烹调时容易入味,吃起来嚼劲好,味清香,适口性优于鸭肉,而且含有丰富的钙质与胶原蛋白,对养生保健有一定功效。

①营养成分。鸭掌营养十分丰富,尤其蛋白质含量每百克高达 13.40 克,比鸭肉高 38.5%,比鸽子、鹌鹑、鸡肉和猪肉、羊肉、牛肉的蛋白质含量都要高,是一种高蛋白、低脂肪的优质肉类食材。鸭掌营养成分见表 2-18。

表 2-18　鸭掌营养成分(每 100 克含量)

项目	单位	含量	项目	单位	含量
热量	千卡	150.00	维生素 E	毫克	—
蛋白质	克	13.40	烟酸	毫克	1.10
脂肪	克	1.90	钾(K)	毫克	—
糖类	克	19.70	钠(Na)	毫克	61.10
维生素 A	毫克	11.00	钙(Ca)	毫克	24.00
维生素 B_1	毫克	—	镁(Mg)	毫克	—
维生素 B_2	毫克	0.17	铁(Fe)	毫克	1.30
维生素 C	毫克	—	胆固醇	毫克	36.00

②功效作用。鸭掌性平,味甘、香,且有生津增食欲、健脾胃、润皮肤之功效。现代医学研究表明,鸭掌中丰富的胶原蛋白可促进细胞吸收和贮存水分,能有效防止皮肤干瘪起皱,使其滋润饱满。鸭掌脂肪含量低,蛋白质含量高,肥胖人群食用较为适宜。

(2)优劣识别　冷冻鸭掌以掌体肥大,形态正常;掌皮白色,无黑斑点;闻无异味的为优品。如果掌态变形,掌皮呈偏红或白色晦暗,表明宰杀前可能为病鸭;如果闻有沤水味或略带荤臭味,则说明冷冻贮藏过程管理不善,中途温度突然升高,引起鸭掌变质,则不可购买。

21. 鸭肫

鸭肫如图 2-24 所示,又称鸭胗,是鸭的胃,是帮助鸭子进行消化的重要器官。鸭肫形状扁圆,质地韧而脆,口感非常好,因此,很受人们欢迎。

(1)食用价值　鸭肫不仅质地韧脆,齿感性好,且味道清香适

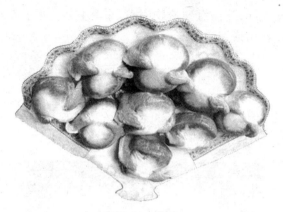

图 2-24　鸭肫

口,同时含有丰富的营养成分,对人体健康有益。

①营养成分。鸭肫营养成分见表 2-19。

表 2-19　鸭肫营养成分(每 100 克含量)

项目	单位	含量	项目	单位	含量
热量	千卡	92.00	维生素 E	毫克	0.21
蛋白质	克	17.90	烟酸	毫克	4.40
脂肪	克	13.00	钾(K)	毫克	—
糖类	克	2.10	钠(Na)	毫克	69.20
维生素 A	毫克	6.00	钙(Ca)	毫克	12.00
维生素 B_1	毫克	0.04	镁(Mg)	毫克	—
维生素 B_2	毫克	0.15	铁(Fe)	毫克	4.30
维生素 C	毫克	—	胆固醇	毫克	153.00

②功效作用。鸭肫性微寒,味甘,具有健胃助消化的功效。鸭肫含铁量较高,可作为人体补铁的理想食品。

(2)优劣识别　鸭肫通过处理冰冻后上市供应。冷冻鸭肫以肫体丰满肥大,颜色紫红,内灰白色,有光泽;肉面不含污杂物,手感硬,闻无异味的为优品。如果胗粒小,肉质偏薄;表面颜色红黑晦暗,失去光泽;肫肉有残渣物附着;手感软弱;闻有泅水味或荤臭味,则属次劣或变质品。

22．鹅肉

鹅肉如图2-25所示。鹅为雉科动物,是人工饲养的一种体态较大的禽类。鹅肉富含蛋白质、脂肪、维生素,以及钙、镁、铁等营养成分。鹅肉质地柔嫩,清香可口,且在养生保健上有一定功效,因此,历来列为宴席中的名菜,颇受民众欢迎。

图2-25　鹅肉

(1)食用价值　鹅肉是一种高蛋白、低脂肪、对人体健康十分有益的食品,其蛋白质中含有人体发育不可少的多种氨基酸。鹅肉是人们冬季进补养生的保健食品。

①营养成分。鹅肉营养成分主要有热量、糖类、蛋白质、脂肪、多种维生素,以及钙、镁、铁等矿质元素。鹅肉营养成分见表2-20。

②功效作用。中医认为,鹅肉性平,味甘、香,具有补阴益气、暖胃开津、祛风湿、防衰老之功效。鹅肉中所含的蛋白质、脂肪、胆固醇,以及维生素和矿质元素对人体的健康十分有益,适合身体虚弱、气血不足、营养不良的人群食用。

表 2-20　鹅肉营养成分(每 100 克含量)

项目	单位	含量	项目	单位	含量
热量	千卡	245.00	维生素 E	毫克	0.22
蛋白质	克	17.90	烟酸	毫克	4.90
脂肪	克	19.90	钾(K)	毫克	67.00
糖类	克	0.80	钠(Na)	毫克	58.80
维生素 A	毫克	42.00	钙(Ca)	毫克	4.00
维生素 B_1	毫克	0.07	镁(Mg)	毫克	3.80
维生素 B_2	毫克	0.23	胆固醇	毫克	74.00
维生素 C	毫克	9.80			

(2)优劣识别　选购活鹅时,以体态丰满,羽毛洁白或灰白、灰色且光泽亮丽;鹅颈伸长,头顶鹅冠红色,脖颈活动自然,眼睛有神;叫声洪亮;尾部分无粪便残渣类的为优品。反之,与上述不符的,尤其是鹅脖颈活动性差,眼睛半闭半开的均为次劣品。

选购鹅肉时,以皮色洁白无黏绒毛,肉质鲜红或红中偏赤,手按有弹性;闻有一股肉香气味无异味的为优品。如果皮色呈拗白或偏黑,皮面现黑色带绒状的毛眼多,则俗称"替毛鹅",即新毛产出,旧毛没脱,此类毛连在皮层不易拔净。如果肉色呈乌红晦暗,闻无肉香味,有淤水味或微荤味,则属宰后超过货架期的变质品。如果皮色和其他都很理想,但肉色浅红,肉质无光泽,且呈润湿,手感无弹性且水迹明显,则属宰后浸水的。此类鹅肉不仅重量增加,且营养物质流失,口感差,属于次劣品。

23. 鹌鹑肉

鹌鹑如图 2-26 所示,为雉科动物,一向被列为野味之珍,是人工饲养的一种珍稀飞禽。据《礼记·曲礼》记载,早在春秋时期,鹌鹑已"为上大夫之礼"。鹌鹑虽然体重不过 200 克,但具有其他家禽所不具备的优点,即肉嫩味美,芳香可口,历来被视为不可多得的美食。

 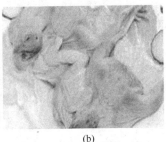

(a)　　　　　　　　　　　　　(b)

图 2-26　鹌鹑

(a)活鹌鹑　(b)鹌鹑肉

(1)食用价值　鹌鹑历来被视为美味佳肴。宋朝《梦粱录》(卷十九)《茶酒店》记有"山药鹑子""笋子鹑子""蜜汁鹑子"等 10多道鹌鹑菜谱。现在在西安、广州等城市的酒楼还开创了"全鹌席",即用鹌鹑的肉、蛋、腰、肝、骨、爪等烹制成一席菜肴。

①营养成分。鹌鹑肉营养全面,各种成分比其他动物都高。鹌鹑无论是肉或蛋,其营养功效均高于鸡、鸭、鹅。尤其维生素的含量比鸡肉高 2～3 倍。鹌鹑肉营养成分见表 2-21。

表 2-21　鹌鹑肉营养成分(每 100 克含量)

项目	单位	含量	项目	单位	含量
热量	千卡	111.00	维生素 E	毫克	0.44
蛋白质	克	2.20	烟酸	毫克	6.30
脂肪	克	3.10	钾(K)	毫克	—
糖类	克	0.20	钠(Na)	毫克	48.40
维生素 A	毫克	40.00	钙(Ca)	毫克	48.00
维生素 B_1	毫克	0.04	镁(Mg)	毫克	—
维生素 B_2	毫克	0.32	铁(Fe)	毫克	2.30
维生素 C	毫克	—	胆固醇	毫克	157.00

②功效作用。中医认为,鹌鹑肉性平,味甘,有滋补理血、健

脑益智之功效。近代医学研究发现,鹌鹑肉中所含的卵磷脂能促进人的高级神经活动,具有健脑益智特殊功效,还可生成溶血磷脂。溶血磷脂具有抑制血小板凝聚、预防血栓的作用,十分适合中老年人以及高血压、肥胖症患者食用。

(2)优劣识别　商品鹌鹑多为专业养殖场提供的活体。入市选购时,以体态丰满,动作灵活敏捷;身披秀丽花斑状的羽毛;头部嘴有寻食动感的为优。如果体态偏瘦,动作迟缓,头嘴向下,眼睛似开似闭,臀部羽毛黏有粪便等均属于病态。市场也销售宰杀后的鹌鹑,选购时,以形态肥丰,皮肤白色,肉质红色,胸部干净,闻有肉香气味的为优品。如果体态变形,肤色变黑,胸膛不净,有瘀血浆或肉体闻有荤臭异味,则为宰后货架超时的变质品。

24. 鸽肉

鸽如图 2-27 所示,又称白鸽,为雉科动物,是人工饲养的一种飞禽。其肉质幼嫩,营养丰富,味道极佳。尤其乳鸽骨内的软骨素含有与鹿茸相似的养生功效。

(a)　　　　　　　　　　　　(b)

图 2-27　鸽

(a)活鸽　(b)鸽肉

(1)食用价值　鸽子肉质细嫩,味道极佳,且营养十分丰富。鸽肉富含蛋白质,以及钙、铁、钠、锌等矿物质,其维生素 A、B 族维生素、维生素 E 等含量比牛、羊、鸡、兔等动物都高。鸽肉中的饱和脂肪酸和不饱和脂肪酸比例十分恰当,易被人体吸收,是畜禽动物中最适合人类食用的营养品。

①营养成分。鸽肉为蛋白质、脂肪、维生素和矿质元素含量高的一种飞禽食材。鸽肉营养成分见表2-22。

表2-22　鸽肉营养成分(每100克含量)

项目	单位	含量	项目	单位	含量
热量	千卡	108.00	维生素E	毫克	0.35
蛋白质	克	29.80	烟酸	毫克	5.80
脂肪	克	2.30	钾(K)	毫克	—
糖类	克	0.40	钠(Na)	毫克	45.20
维生素A	毫克	30.00	钙(Ca)	毫克	41.00
维生素B_1	毫克	0.05	镁(Mg)	毫克	—
维生素B_2	毫克	0.50	铁(Fe)	毫克	3.20
维生素C	毫克	—	胆固醇	毫克	139.00

②功效作用。中医认为,鸽肉性平,味甘,能温中、益气、补精、健脑。鸽肉中所含的胆素对防治动脉粥样硬化、保护心血管正常运行效果显著。现代医学研究发现,乳鸽的骨内软骨素的含量接近鹿茸,能够改善皮肤细胞活力,增强皮肤弹性,改善血液循环,有助脸面颜色红润。特别是手术后患者,食用乳鸽能加快伤口愈合。鸽肉中还含有支链氨基酸和精氨酸,可促进人体内蛋白质的合成。

(2)优劣识别　鸽子分为信鸽和肉鸽。信鸽作为一种信息传递和娱乐的飞禽,多见于花鸟市场。而肉鸽是养殖场群养食品鸽,常见于农产品市场。食品鸽多为活鸽,以走动灵敏、叫声洪亮、羽毛洁净光亮、毛色纯白、灰白或灰白交映者为优。如若体态呆笨,头部略垂,眼睛转动弱,反应迟钝,羽毛失色、不净,说明形态异常。禽肉专柜也有宰杀后上市的鸽肉,选购时,必须先检查是否有兽医验证标志。鸽肉以体态完整,皮色白润,肉色偏红,无异味的为优品;若无兽医验证标志,皮色不鲜白,肉色暗红,闻有荤霉味,说明超过货架期。

25. 兔肉

兔肉如图 2-28 所示,除作为日常生活食用和餐饮业以及民间喜庆宴席上的一道美味菜肴外,各地还广泛用于加工腌腊制品,且品种繁多,诸如成都缠丝兔、广州腊兔、福建米烧兔、湖南香熏兔。此外,各地还有板兔、糟兔、烤兔,以及兔肉干、兔肉脯、兔肉松等。

图 2-28 兔肉

(1)**食用价值** 兔肉的组织致密,脂肪层极少,而瘦肉饱满,质地柔软,味道清香。兔肉含有丰富的蛋白质,对人体养生保健十分有益,属于一种优质肉食滋补品,无论是在都市还是在农村食用都十分广泛。

①营养成分。兔肉每百克蛋白质含量为 19.7 克,接近牛肉和羊肉蛋白质的含量,而且脂肪含量低,多种维生素和矿质元素含量均与一般畜牧动物等同。兔肉营养成分见表 2-23。

表 2-23　　兔肉营养成分(每 100 克含量)

项目	单位	含量	项目	单位	含量
热量	千卡	185.00	钾(K)	毫克	284.00
蛋白质	克	19.70	钠(Na)	毫克	45.10
脂肪	克	2.30	钙(Ca)	毫克	12.00
糖类	克	0.90	镁(Mg)	毫克	15.00
维生素 A	毫克	0.26	铁(Fe)	毫克	2.00
维生素 B1	毫克	0.11	锰(Mn)	毫克	0.04
维生素 B2	毫克	0.10	锌(Zn)	毫克	1.30
维生素 C	毫克	—	铜(Cu)	毫克	0.12
维生素 E	毫克	0.42	磷(p)	毫克	165.00
烟酸	毫克	5.80	硒(Sa)	毫克	0.11

②功效作用。中医认为,兔肉性凉,味甘,有滋阴凉血、益气润肤、解毒祛热的功效。常食兔肉既能增强体质,使肌肉丰满健壮,还能保护皮肤细胞活性,维护皮肤弹性。用兔肉炖大枣、枸杞具有补血、养肾壮阳的功效;用兔肉炖桂圆、当归具有温补脾胃的功效。

(2)优劣识别　兔肉以胴体丰满为好,一般兔肉宰后以每只达1.5～2.0千克最好。胴体过大,皮下附着脂肪厚,且肉质组织过于致密,会变韧,适口性反而差。优质兔肉,胴体皮毛洁白,无潜在新生长细毛;皮下脂肪少;肉色鲜红,组织致密,手按有弹性;闻有肉香气味,无异味。如果皮面细毛多,刮不净;皮色巫白晦暗,肌肉暗红明显失色;手按肉质松弛,弹性弱;闻有沤水气味或腥臭味的则为次劣品。

26. 禽蛋

禽蛋如图 2-29 所示,包括鸡、鸭、鹅、鸽、鹌鹑"五禽"所产的蛋。市场上商品量较大、消费面最宽的是鸡蛋、鸭蛋、鹌鹑蛋,而鹅蛋、鸽蛋尚属少量。蛋在我国民间称为太平,长辈生日或是寿庆都用蛋作为敬品。因此,在我国南北地区的丰盛宴席上,均有蛋与面条烹制成的"太平面",表示平安吉祥。

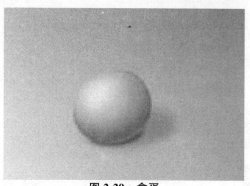

图 2-29　禽蛋

（1）**食用价值**　蛋不仅质地柔软香甜，而且营养成分丰富，是广大民众日常生活中不可缺少的蛋白质主要来源。我国著名心血管专家洪昭光教授提示：成年人每天必食一枚蛋，才能满足身体生长发育对蛋白质的需求。蛋除鲜煮食用外，还可加工成皮蛋、咸蛋、糟蛋以及蛋松、蛋糕等食品，食用价值很高。

①营养成分。蛋几乎含有人体所需的全部营养，尤其蛋白质、脂肪、多种维生素，以及钙、铁、磷、钾、钠、镁、锌矿质元素含量都较高。下面以鸡蛋为例介绍其营养成分。鸡蛋营养成分见表2-24。

表 2-24　鸡蛋营养成分（每 100 克含量）

项目	单位	含量	项目	单位	含量
热量	千卡	103.00	钾（K）	毫克	60.00
蛋白质	克	12.90	钠（Na）	毫克	196.40
脂肪	克	9.10	钙（Ca）	毫克	30.00
糖类	克	1.50	镁（Mg）	毫克	11.00
维生素 A	毫克	15.40	铁（Fe）	毫克	1.20
维生素 B_1	毫克	0.16	锰（Mn）	毫克	—
维生素 B_2	毫克	0.17	锌（Zn）	毫克	1.00
维生素 D	毫克	0.30	铜（Cu）	毫克	0.07
维生素 E	毫克	2.29	磷（p）	毫克	182.00
维生素 K	毫克	0.12	硒（Sa）	毫克	—

②功效作用。中医认为,蛋性平,味甘,具有养心安神、补血、滋阴润燥的功效。现代医学认为,鸡蛋、鸽蛋、鹌鹑蛋具有健脑益智、保护肝脏、防治动脉硬化等功效。蛋的蛋白质易于被人体吸收。蛋富含的DHA卵磷脂、卵黄素有益于神经系统和身体发育,能改善记忆力。

(2)优劣识别　禽蛋产生的母体品种不同,质地也有区别。一般而言,鸡蛋煮熟后,其质地比鸭蛋柔嫩。鸽子蛋和鹌鹑蛋个体小,质地比鸡、鸭、鹅蛋都柔嫩滑润。

①鲜蛋识别。识别鲜蛋可采用看、听、摸、嗅等方法来鉴定。

一看:用视觉来查看蛋壳颜色是否新鲜、清洁,有无破损和异状。如蛋壳上有霉斑、霉块或像石灰样粉末是霉蛋;蛋壳上有水珠或潮湿发滑是出汗蛋;蛋壳上有红疤或黑疤为帽皮蛋;壳色深浅不匀或有大理石花纹是水湿蛋;蛋壳表面光滑、蛋壳肮脏、色泽灰暗或散发臭味是臭蛋。

二听:以敲击蛋壳发出的声音来区别蛋品有无残损、变质和蛋壳厚薄程度。方法是将两枚蛋拿在手中时,用手指轻轻回旋相敲,或用手指甲在壳上轻轻敲击。新鲜蛋发出的声音坚实;裂纹蛋发音沙哑,有"啪、啪"声;空头蛋大头上有空洞声;钢壳蛋发音尖脆,有"叮、叮"的响声;贴皮蛋、臭蛋发音像敲瓦片声。此外,用指甲竖立在蛋壳上推击,有"吱、吱"声的是雨淋蛋。

三摸:新鲜蛋拿在手中有"沉"的压手感觉。孵化过的蛋外壳发滑,分量轻。霉蛋和贴皮蛋外壳发涩。

四嗅:即闻蛋的气味,鲜鸡蛋无气味,鲜鸭蛋有轻微的鸭腥味。霉蛋有霉蒸味;臭蛋有臭味;有其他异味的是污染蛋。

②皮蛋识别。皮蛋的外层有泥状包料和透明硬塑盒包装。泥状包料的皮蛋泥块完整,无霉斑,包料去掉后的蛋壳也完整无损,在手中摇晃时无荡声。剥去包料和蛋壳,其整体凝固,不黏壳,清洁而弹性,呈半透明的黑褐色或棕黄色,有松花样纹理。剖

开皮蛋可见蛋黄呈浅褐色或浅黄色,中心较稀。符合上述标准的为优质品。如剥开包料破损或发霉,剥去蛋壳有斑点或破漏现象或内容物已被污染,摇晃有水荡声或手感轻飘,则说明皮蛋质量差。这类皮蛋,如若剥开蛋壳,内容物有少量黏壳或凝固不完全或僵硬收缩,蛋清色暗淡,蛋黄呈墨绿色为质次品;如果蛋清黏滑,蛋黄呈灰色糊状,大部分或全部液化呈黑色则为劣质品。

③咸蛋识别。质量好的生咸蛋打开后,可见蛋清稀薄透明,蛋黄呈红色或淡红色,黏度增强,但不硬固。这种好咸蛋煮熟后打开,可见蛋清白嫩;蛋黄品味有细沙感,富含油脂;品尝咸蛋具固有的香味。若生咸蛋打开后蛋清为白色水样,蛋黄发黑,黏固,略有异味;煮熟后打开,蛋清略带灰色,蛋黄变黑,有轻度的异味的为次品。若生咸蛋打开后见蛋清浑浊,蛋黄已大部分融化,蛋清、蛋黄全部呈黑色,有恶臭味,煮熟后蛋清灰暗或黄色,蛋黄变黑或散成糊状,有臭味,则为劣质品。

27. 肉类腌腊制品

肉类腌腊制品是以畜禽食材为原料,按照传统加工技术和现代食品生产工艺加工而成。这里选择具有代表性的传统名优产品进行介绍。

(1)腊肉、咸肉　腊肉、咸肉是我国传统肉类加工制品的两个品种。其原料选用猪肋肉,经过腌制后,再经烘烤加工或阳光曝晒而成。腊肉、咸肉保存时间较长,具有独特的风味。腊肉如图2-30所示。

优质腊肉外观有光泽,脂肪呈乳黄色、透明、干燥;组织坚韧、有弹性,有腊肉特殊香味。如果肉色偏暗,但切面仍有光泽;肉质呈咖啡色或暗红色,脂肪偏黄黑色,风味差,则属次品。如果肉面生霉点或霉斑;肉质松弛,失去弹性,颜色灰暗;有明显酸败气味或其他气味,则为变质品。

优质咸肉外表干燥清洁,肌肉稍带红色,肥肉为白色或微红

图 2-30 腊肉

色,质地结实,具有咸肉固有的风味。如果咸肉皮黏滑,肌肉疏松,切面暗红或灰绿色,脂肪呈灰白色或黄色,有哈喇味,则为劣质品。

腊肉与咸肉在食用前的处理有别。腊肉腌制加工过程用盐量较少,且经过烘烤干燥,食用前洗去外表即可烹饪;而咸肉用盐量大,食用前须浸水淡化后,方可用于烹调,否则影响风味。

(2)火腿　火腿如图 2-31 所示,是以猪前后蹄连腿膀为原料、通过腌制加工焙烤而成的。

图 2-31 火腿

优质火腿皮厚,脚直,皮面平整;皮色黄亮、无毛、无红疤、无虫蛀、无鼠咬;无裂缝;精肉呈玫瑰红或桃红色,有火腿特殊香味。

如果火腿脂肪层切面呈黄色或黄褐色,肌肉切面呈酱色,无光泽,组织状态疏松,有酸味,霉臭味或油脂酸败味,则为次劣品。

(3)板鸭　板鸭如图 2-32 所示,是活鸭经过宰杀清理、盐腌整形、压成板状、再经干燥制成的。其可作为馈赠礼品和常年应市干制品。我国有名的南京板鸭称为"官礼板鸭"和"贡鸭"。

图 2-32　板鸭

优质板鸭外形呈扁圆,体表呈白色或乳白色,周身干燥,皮面光滑,腿部发硬,胸骨与胸部凸起,颈椎露出,腹腔内壁干燥;切面紧密光润,肌肉呈玫瑰红色,具有板鸭固有的香味;水煮沸后鸭汤芳香,液面有大片脂肪,肉嫩味鲜。质量差的板鸭体表呈淡黄或淡红色,有少量油脂涌出,腹腔湿润或可见霉点,切面呈暗红色,没有光泽;皮下及腹内脂肪有哈喇味,腹腔内有腥味或霉味,水煮后肉汤鲜味较差,并有轻度哈喇味。如果板鸭呈暗红或紫色,则多为病鸭、死鸭加工,色、香、味极差,不可购买。

(4)烧烤制品　烧烤制品如图 2-33 所示,是以猪、牛、羊肉或鸡、鸭、鹅、兔为原料,经过刀工切割分体成不同形状,再通过烧烤加工技术制成的肉制品。烧烤制品具有独特烧烤风味,保存期长,是广大民众所喜欢的一种食品。我国较为著名的有东北叉烤肉、蒙古烤羊、皖北符离集烧鸡、河南道口烧鸡、河北马家清蒸卤煮鸡等。

优质烧烤肉体表呈红色,切面鲜艳发光,压之无血水,组织致密;脂肪呈浅乳白色或浅黄色,润滑而脆;无异味,无异臭。变质

（a）　　　　　　　　　　　　　　（b）

图 2-33　烧烤制品

（a）烧鸡　（b）烤鸭

的烧烤肉切面呈暗红色，无光泽，组织疏松；脂肪呈灰暗色，黏糊状，有哈喇味或臭味。

优质叉烧肉的切面呈微紫红色，组织致密，脂肪白而透明，无异味，无异臭。劣质叉烧肉切面呈暗黑色，纤维松软易断裂；脂肪黏糊，不透明，有异臭。

优质烧鸡皮色呈酱红或微黄，肉质白嫩，肥而不腻，肉烂而连丝，一咬齐茬，香味扑鼻，色佳味美。

购买烤鸭、烧鸡时，还应注意以下细节：用活杀鸡为原料做成的烤鸡、烧鸡，眼睛呈"眼开眼闭"状态，而用死鸡加工的眼睛紧闭；拨开烤黄的皮看鸡肉，如果是白色的则为活杀，若是褐色的则为用死鸡加工的（因为屠宰前没有放血），肉色就会变红。

（5）肉干、肉脯　肉干、肉脯如图 2-34 所示，是以猪、牛瘦肉为原料，经过预煮、切块、调味、熟制、干燥包装等程序制成的。

我国有名的肉干有山西平遥五香牛肉干、四川影竹牛肉干，肉质绵软，嚼不费劲，没有牛腥味和油腻味，食后浓香回味无穷。

优质的肉干、肉脯切面平整，不含脂肪、筋腱、淋巴、血管等；形状无论是条形还是片形、丁形，均大小均匀，形状完整；肉质紧实，不松弛，颜色呈咖啡色或烟丝色，且色纯一，有光泽；味道有咸、甜、辣特定本品风味；外包装完整，符合国家法定包装和标签；

图 2-34　肉干、肉脯

有 QS 食品质量安全标志。如果外包装不规整,保质期已超过时限或内容物色泽变为乌黑晦暗;闻有霉臭味,苦涩味,属于次劣品。

　　购买肉干、肉脯时,不要购买色彩太艳的产品,因为可能加入太多的人工合成色素。不要在小贩处购买来历不明的散装肉干、肉脯产品。这些产品无质量保证,且易受污染。因为肉干、肉脯产品直接入口,所以应购买包装完整的产品,以防在运输和销售时受到二次污染。

　　(6) 肉松　肉松如图 2-35 所示,是以猪、牛、兔精肉为原料,辅以调味料,经过加工炒制而成的,是我国传统的肉类即食品,可作为佐餐和休闲度假、旅游观光的小美食。

图 2-35　肉松

　　选购肉松时,以外观色纯,不耀眼;质地呈絮松,蓬松干爽,无结块,不黏手;闻有醇香气味;入口溶化或软绵的为优。如外观颜色晦暗,可能调味料配入过量或炒制过程烧焦;也有可能是加了色素调色反应;手感质地潮润,表明保管环境失控引起回潮;嚼劲不酥不香,不韧;闻有霉味、哈喇味、脂腥味或异味,表明已变质,属于次劣品。肉松最好选有外包装的产品,这样会卫生安全一些。

(7)香肠 香肠如图2-36所示,又称灌肠,是鲜猪肉经过绞碎

(a) (b)

图2-36 香肠

(a)灌肠 (b)红肠

加入食盐、胡椒、糖、曲酒等调味后,充灌到猪、羊肠衣内,置于通风阴凉处晾挂,使其干燥,慢慢干透。香肠属于肉制品类,但不是即食品,需经蒸、煮、烤等熟制加工方可食用。有名的香肠有哈尔滨红肠和上海猪肉灌肠。

优质香肠手感较硬,七分精肉,三分肥肉;其肠衣干燥,表面微有皱纹,无裂纹,不流油;没有酸味与哈喇味。若是软绵绵的或脂肪部分呈黄色,则质量较差。掺假的香肠可在剖开后见到有用红色素染过的淀粉等非肉类物。若颜色很红,说明使用亚硝酸盐或红色素太多;若瘦肉微黑、肥肉淡黄,说明该香肠存放的时间较长而变质,不可购买。

熏制香肠应为枣红色,肠衣和内容物紧密结合,且有弹性;切面坚实,有特殊的香味,肉为粉红色,无黑心和霉点,脂肪为乳白色。变质香肠的切面暗而无光,组织结构模糊,呈灰色与黄绿色。若内容物的肥肉呈黄褐色且有哈喇味时,则是脂肪氧化的结果;

若肠内的肉块颜色暗黑、肥肉呈粉红色时，则很可能是用急宰、冷宰或放血不良的肉制成。由于香肠保质期较短，所以购买时，要注意观察产品保质期。

28．肉类罐头制品

(1)特点　肉类罐头制品以猪、牛、羊、鸡、鸭、鹌鹑、兔等肉为原料，通过挑选整理，按照罐头生产工艺流程加工而成，储藏期可达2年。肉类罐头制品可作为家庭储备食材和野外作业、军旅、观光等携带方便的食品。肉类罐头如图2-37所示。

(2)检验指标

①感观指标。色泽和组织形态检验。将罐头打开，然后将内容物倒入白瓷盘中，观察色泽、组织、形态是否符合标准，并评定其滋味和气味是否符合标准。

②卫生指标。肉类罐头卫生应符合国家《食品卫生标准》。

③微生物检验。微生物按国家规定方法检验。

图2-37　肉类罐头

(3)优劣识别　上市购买罐头时，只能从感官上识别。

①外形。观察罐面是否完整清洁，若铁罐出现凹陷、玻璃罐有裂纹，表明容器破损，容易透氧，导致罐内食物质变；若铁罐两端或玻璃罐铁盖出现生锈斑块，说明保管不善，容器受腐蚀，影响罐内食品质量，此类罐头为劣质品。

②看标签。看罐面的标签、品名是否与罐内食品相符；厂家名称是否清楚，是否有商标和QS标志；保质期是否过期。特别提示：对名与品不符、厂名不清、无标无志、保质过期这4项，有一项

不全,即为不合格品,不可购买。

③拍罐体。用手掌拍打几下罐头,如其响声纯,为内容物正常;如呈现"嘣嘣"的回响声,则说明内容物已发生变质。

④验内物。罐头买回后打开,将内容物倒于白瓷盆内进行观察。符合本品固有色泽,且均匀;汤汁清而透明;整条的大小一致,丁状的为1厘米左右的方丁,片状的为厚薄约3厘米的薄片;应有本品滋味和无异味;内容物含量不低于净重的60%,氯化钠含量在0.4%~1%。符合上述标准者,则为合格罐头。如果颜色变黑褐,汤汁混浊,内容物粗细、大小不一致,有异味,净含量达不到原罐重的60%,以及氯化钠超标,均为次劣品。如发现上述情况,可将开罐后的罐头退回经销商。

(4)保质期 食品保质期是生产厂家根据产品的特点、工艺情况、包装特性等,参照国家有关规定的要求,制定出产品质量最后保证期限。肉类罐头和腌腊加工即食品最为常见的是小包装午餐猪肉、牛肉干、牛肉脯、酱鸡、卤味鸭等食品。这些肉类食品有罐装、瓶装、塑料袋装和铝膜复合袋装。包装容器上都贴有产品标签,其中有产品保质期。上市购买时,应认真检看产品保质期。

应当注意的是,保质期内还要观察包装物外观,如瓶装发现有破裂,罐头铁皮生锈等现象的,尽管没超过保质期,但产品由于包装和储存或运输条件不佳而影响质量,也有可能出现不法经营者更改生产日期或保质期的现象,因此,在购买时,得认真逐项观察,确保购买的产品质量安全。过期或保质期内外包装裂纹或生锈的食品,其色、香、味、形、营养成分等都发生质的变化,出现味道偏酸,脱脂、腐臭;色泽变褐,品质发霉,不但影响食性,更为严重的是细菌超标,危害人体健康,因此,千万不可购买和食用。

一、家庭保鲜贮藏方法

1. 冰箱保鲜贮藏法

(1)掌握冰箱两个部位功能 现在的家用冰箱一般分两个部位:一个是冷藏部位,设有藏物屉和多层放物架,门内还有浅层放物架;另一个是冷冻部位,配有冷藏柜或冷藏盒。冷藏部位内壁和门内均有保温密封层。电冰箱冷藏部位设定为2℃,适于保鲜贮藏;其冷冻部位自然制冷,一般设定在℃以下,适于冻藏。

(2)冰箱保藏要对号入座 一般新鲜猪肉、牛肉、羊肉、鸡、鸭、鹅肉购回后,除当天用于烹调菜肴外,剩余的肉应放置在冰箱的冷冻部位,使肉质在低温下冰冻,有效控制腐败微生物的侵蚀,延长保鲜贮藏期。畜禽制品如腊肉、咸肉、板鸭、烧鸡等熟食品类可放在冷藏部位贮藏。而猪、牛、羊肝脏,其质地幼软,含有浆液的不能放在冷冻部位,而且藏久了会变成泡沫状,烹饪时会失去口感和风味。一般畜禽的肝脏宜存放在保鲜屉内,鲜蛋也只宜放于保鲜层屉内。肉干、肉脯、鸡肉、兔肉等美味即食品的开包的部分,应将袋口反折用夹子封口后,置于冰箱的冷藏部位。

2. 肉类冷藏基本条件

冷藏保鲜是肉类和肉制品常用的贮藏方法之一。在不同温度、湿度条件下,肉类的贮藏期也有差别。常见肉类贮藏条件和贮藏期见表3-1。

表 3-1　常见肉类贮藏条件和贮藏期

品种	温度/℃	相对湿度(%)	贮藏期/天
牛肉	−1.5～0	90	28～35
小牛肉	−1～0	90	7～21
羊肉	−1～0	85～90	7～14
猪肉	−1.5～0	85～90	7～14
腊肉	−3～−1	80～90	30
腌猪肉	−3～−1	80～90	120～18
净膛鸡	0	80～90	7～11

二、腌腊肉制品加工技术

腌腊肉制品是以畜禽肉材为主要原料,经食盐、酱料、食糖和调味香料腌制或者酱清后,再经清洗造型,晾晒风干或烤箱内烤干等环节加工而成。下面介绍几种常见腌腊肉制品的加工技术。

1. 火腿

火腿是用鲜猪肉前后腿为原料,经过干腌、洗晒加工而成的肉制品,其加工方法如下:

(1)选料处理　选用饲养期短、皮薄脚细、腿心丰满、瘦肉多、肥肉少的良种猪后腿为原料。每只腿重以 4.5～7.5 千克为适。首先将选好的原料刮净毛,修割成竹叶状,然后在趾骨中间将皮面划成半月形,除去油膜,撤出血管中的污血。

(2)腌制　腌制时,每 5 千克的原料肉需加盐 0.4～0.5 千克,分 6 次加入。腌制用盐第 1 天 65 克,第 2 天 200 克,第 7 天 65 克,第 13 天 65 克,第 20 天 25 克,第 27 天 25 克。每次加盐时,应抹去陈盐,再撒上新盐,腿皮不可用盐。

(3)洗晒　腌制 27～30 天后,将腿取出放在清水中,腿肉面向下,腿皮不露水面,浸 15 小时左右,漂洗后再浸 3 小时,然后用刷子洗去油腻污物后挂在太阳下晒,冬天晒 5～6 天,春天晒 4～5天。晒时可进行整修,捧拢腿心,扭弯脚爪成 45°。

(4)**发酵**　将经阳光晒过的腿进行上架发酵。掌握好上架位置,一般腿部应离地面 2 米。气候潮湿时,应挂在通风处发酵;气候干燥时,需挂在阴凉处发酵,此时肉面上渐渐长出绿、白、黑、黄色真菌,这是发酵的正常表现。

(5)**整形**　经发酵后的火腿需要在清明节前进行整形,将其整理成竹叶状;然后继续挂架发酵,直至中伏即成火腿。

2.腊肉

腊肉是以鲜肉为原料,经腌制、焙烤而成的肉制品。由于各地消费习惯不同,产品的品种和风味也各具特色。下面介绍其选料与加工要点。

(1)**选料处理**　加工腊肉应选肥瘦层次分明、去骨的五花肉或其他部位的肉为原料,一般肥瘦比例为 5∶5 或 4∶6。应剔除硬骨或软骨,切成长方形肉条。肉条长 38～42 厘米,宽 2～5 厘米,厚 1.3～1.8 厘米,重 0.2～0.28 千克。肉条一端用尖刀穿一小孔,以便于系绳吊挂。

(2)**腌制**　可采用干腌法、湿腌法进行腌制。腌制方法是按肉量加入 3% 的精盐,4% 的白砂糖,2.5% 的曲精,3% 的酱油,以及适量的香料。按用料量加入 10% 清水溶解配料,倒入容器中,然后放入肉条搅拌均匀。每隔 30 分钟搅拌翻动 1 次,在 20℃ 下腌制 4～6 小时。腌制温度越低,腌制时间就越长。肉条腌制完后,取出滤干水分。

(3)**焙烤干燥**　腊肉因肥膘较多,焙烤或熏制温度不宜过高,一般将温度控制在 45℃～55℃,焙烤时间为 1～3 天。如采用熏烤,常用木炭、锯木粉、瓜子壳、糠壳和板栗壳等作为烟熏燃料,在不完全燃烧条件下进行熏制,使肉制品具有独特的熏烟香味。

(4)**包装保藏**　冷却后的肉条即为腊肉成品,可用塑料袋包装,在 20℃ 下可保存 3~6 个月。

3. 腊牛肉

(1)选料配方　选用经兽医卫生检验合格的新鲜牛肉,剔除筋腱、淋巴等,再将牛肉切成 1.5~2 千克的块,并用刀划开肉块,以利腌制。按牛肉量配用食盐 2.7%,小茴香、草果、桂皮、花椒、生姜、红曲米粉各适量。

(2)腌制　冬季用盐量为肉量的 2%,夏季用盐量为肉量的 2.5%,加入适量水,每天要搅拌 4~5 次。夏季要勤加翻搅,腌缸要放在通风凉爽之处,以防止牛肉变质;冬季放在温暖室内,以防止冻结,使肉易于变色。冬季一般腌 7 天,夏季只能腌 1~2 天。腌好的牛肉出缸后,沥出血水,再用清水洗 1 次。

(3)煮制　冬季每锅下牛肉 9 千克,夏季每锅下牛肉 6 千克。煮前先将配料用纱布包好,同老汤、食盐和牛肉一并入锅,待水烧开后,撇净浮沫,每小时要翻锅 1 次。当肉煮至八成熟时,加入红曲米粉。牛肉约煮 8 小时即可出锅。出锅时,要用锅内热汤把牛肉表面浮油冲净。

(4)烘烤　将煮制好的牛肉置于烘房内,烘房内温度控制在 50℃ 左右,烘烤 3~4 小时后,将温度升至 65℃,再烘烤 4~5 小时,即可出房、冷却、包装。

4. 腊鸡

腊鸡是我国南方的传统禽肉制品,湖南、湖北、广东、四川等省均有生产。产品色泽金黄,造型美观,质地细腻,油润味鲜,腊香浓郁,蒸制、煮食皆可。其加工方法如下:

(1)选料处理　选重 1.5 千克以上的肥母鸡或肉鸡为原料。宰杀时,要放尽血,再用 70℃ 以上的热水浸烫煺毛,然后开膛取出内脏,斩去脚爪和翅膀,用清水冲洗干净。

(2)调味配方　白条鸡 50 千克,食盐 2.5 千克,白糖、白酒各 750 克,酱油 500 克,亦可适当加五香粉等调料。腌制时,将准备好的调料混合拌匀,均匀涂抹在鸡身内外。鸡嘴内、放血口处也要撒些调料,然后入缸腌制约 32 小时,中间倒缸两次,以充分腌透鸡体。

(3)烤制成品　将腌好的鸡坯用麻绳系好。从腹部开膛的,麻绳可系在鸡腿上;从尾部开膛的,麻绳可系在鸡头上,以利于将污水流净。然后将鸡坯挂在通风处,晾干外表的水分,最后放入 55℃左右的烘房内,焙烤 16～18 小时至鸡体呈金黄色时即为成品。腊鸡应存放在干燥通风处。如空气潮湿,可用文火细熏一下,可保存 2～3 个月不变质。

5. 腊兔

(1)选兔　选择膘肥肉厚、健壮无病、体重为 1.5 千克以上的家兔,宰杀剥皮,开膛去内脏,斩除脚爪,用竹片撑开呈板状。

(2)调味配料　加入兔肉重量 5％的食盐、2％的黄酒、4％的蔗糖、3％的酱油。

(3)腌制　将食盐、黄酒、蔗糖、酱油等辅料混匀,涂抹在兔体内外。也可用冷水 15 千克溶解辅料,将肉入缸腌制 3 天,每天翻缸 1 次。出缸后,将兔肉放在案板上,面部朝下,前腿扭转到背上,将背和腿按平后撑开呈板形,挂晒风干或烘干即为成品。

腊兔肉应悬挂于通风干燥的房内,一般可存放 3 个月以上不变质。

6. 香肚

香肚是用猪膀胱灌馅加工的灌肠制品,是我国的名特产之一。其滋味鲜美,适于凉食;不易破裂,便于携带。

(1)选料处理　先将新鲜猪膀胱外表的筋络、脂肪切掉,内外均匀地抹上干盐,放入缸中贮存。10 天后第 2 次抹盐,放入缸中。腌 3 个月后,从盐卤中取出,再抹少量干盐,经搓揉后放入布袋中贮藏备用。

(2)配料　准备猪肚重量 70％的瘦肉、30％的肥膘、5％的食糖,5%的精盐和适量五香粉。

(3)制馅 将猪肉切成细长条,肥膘切成小块,然后将糖、盐、五香粉撒入肉中,调和均匀,放20分钟,装馅。

(4)装馅扎口 将称好的肉馅放入肚内,将其揉实、扎口。扎口方法有别签扎口和非别签扎口两种。前者适用于湿肚,后者适用于干肚,家庭制作也可直接用麻绳扎口。

(5)晾晒 发酵扎口后,挂在通风有阳光的地方,晾晒2～3天即可。晒干后,将香肚扎口的线头剪掉,每10只香肚挂串在一起,放在通风干燥的库内,注意香肚之间不要距离太近。

(6)叠缸贮藏 将晾挂好的香肚表面真菌刷掉,每4只扣在一起,然后按每100只香肚用2千克香油搅拌,再堆叠在起缸中,这样可贮藏半年以上。

7. 腊猪舌

(1)原料配方 选用符合卫生标准的鲜猪舌,除去筋膜、淋巴,放入80℃左右的热水中余过,再刮尽舌面白苔,并按习惯需要,进行原料配方。

①川式:准备猪舌重量6%的食盐、1%的白酒和适量花椒粉、白糖、八角、桂皮。

②广式:准备猪舌重量3%的食盐、6%的白糖、2%的曲酒、4%的酱油。

(2)腌制 在靠舌根深部用刀划1个口以便腌透,将辅料拌匀,均匀涂抹在舌上,然后入缸腌制两天后翻缸,再腌两天,即可出缸。

(3)挂晾 将出缸的猪舌用清水漂洗干净,去净白霜杂质,用麻绳穿舌喉一端,挂晾在竹竿上,待水气略干后进房烘烤。

(4)烘烤 将猪舌连竹竿放入烘房内,室温掌握在50℃左右,经3～4小时逐渐升温,但不要超过70℃,否则,舌尖会出现焦煳现象。一般烘烤时间为30～35小时,待舌身干硬时出烘房,冷透后包装。

8. 腊肠

腊肠是将以猪肉为原料制成的肉馅装入猪肠衣内,并经漂洗、晾晒或烘烤而成。

(1)选料处理　腊肠的原料以新鲜猪肉为主,瘦肉以腿臀肉为最好,肥膘以背膘为适。此外,加工其他肉制品切割下来的碎肉亦可做原料。原料肉经过修整,去掉筋腱、骨头和皮。瘦肉用绞肉机以 0.4～1.0 厘米的筛板绞碎,肥肉切成 0.6～1.0 立方厘米大小的肉丁。肥肉丁切好用温水清洗 1 次,除去浮油及杂质,捞入筛内,沥干水分待用。肥肉和瘦肉要分别存放。

(2)调料配方　按食用习惯配料。广式腊肠配方为瘦肉70％、肥肉 30％、精盐 2.2％、砂糖 7.6％、白酒(50°)2.5％、白酱油 5％。川味腊肠配方为瘦肉 80％、肥肉 20％、精盐 3％、白糖1％、酱油 3％、曲酒 1％、花椒 0.1％、混合香料 0.15％(大茴香1％、山奈 1％,桂皮 3％,甘草 2％,荜拨 3％)。按配料标准把肉和辅料混合均匀。搅拌时,也可逐渐加入适量水,混合均匀。

(3)灌入肠衣　把干或盐渍肠衣在清水中浸泡柔软,洗去盐分后备用。每 100 千克肉馅约需 300 米猪小肠衣。然后进行灌制,将肠衣套在灌肠机漏斗上,使肉馅均匀地灌入肠内。填充不能过紧或过松。

(4)排气结扎　用排气针扎刺湿肠,排出肠内的空气,按品种、规格要求每隔 10～20 厘米用线绳结扎 1 道。

(5)漂洗晒烤　将湿肠用 35℃左右的清水漂洗 1 次,除去表面残留物,然后依次分别挂在竹竿上,白天放在日光下曝晒 2～3天,晚间送入烘烤房内烘烤,温度保持在 40℃～60℃,经过 3 昼夜的烘晒即成。然后再晾挂在通风良好的场所,经过 10～15 天即为成品。在日晒过程中,在胀气处应针刺排气。

三、肉干、肉脯加工技术

肉干制品又称肉脱水干制品,包括猪、牛、羊肉干、肉脯、肉松、板鸭、板鸡、板兔干制品等。

1. 牛肉干

(1)选料配方 选用符合国家食品卫生要求的新鲜牛肉,以牛后腿肉为最好。先剔除原料肉中的骨、筋腱、脂肪、肌膜、淋巴,再顺肌纤维纹路将肉切成0.5千克重的肉块,并放入清水中浸泡1小时左右,然后用自来水冲净血水和污物后沥干。每千克鲜牛肉用食盐4克、白糖22克、酱油3克、味精0.6克、白酒1克、茴香粉0.5克、玉米粉0.2克。

(2)预煮切坯 将肉放入高压锅内,加入清水,用水量以淹没肉块为度,烧煮1小时左右,以煮至肉块硬结、内部粉红色、无血水为宜。在烧煮过程中,应及时撇去汤汁中的污物与油沫,预煮时一般不加辅料,也可加入肉重1%~2%的生姜。待经预煮的肉块冷却后,根据产品的要求,将肉块按条、片、丁、丝不同规格切成肉坯。一般以片、条厚0.3~0.5厘米、长3~5厘米为宜。无论切成什么形状的肉坯,都要大小均匀一致,切时还应注意剔除肉块中的脂肪和筋腱等。

(3)加热复煮 取预煮肉汤的40%左右,加入用纱布包好的香辛料和调味料,拌和均匀后加热复煮。加热时的蒸汽压力为0.15~0.2兆帕,时间为2.5~3小时。在复煮过程中要适时翻锅,防止粘锅。白酒和味精宜在出锅前加入。出锅时,肉的熟度应一致,表层应有光泽,且有浓郁肉香。

(4)干制成品 将复煮收汁后的肉坯平摊在筛上,送入60℃~80℃的烤房内,烘烤6~8小时,开始1~2小时要每隔20分钟翻动1次,以后每隔1小时翻动1次和调换筛的位置。烤至肉干质地发硬、含水率在18%左右时即可。也可采用炒干法,将肉坯放在锅内,用文火加温,用锅铲不停翻炒,炒至肉坯表面起毛绒时出锅,冷透后即为成品。干制后的牛肉干冷却后,装入复合铝箔袋包装即成。

2. 猪肉干

猪肉干是以精选瘦肉为原料,经煮制、复煮、干制等工艺而成的肉干制品。肉干可按原料、风味、形状、产地等进行分类。按风味分为五香、咖喱、麻辣、孜然等品种,按形状有片、条、丁状等品种。

(1)原料处理　选择新鲜的后腿与前腿瘦肉最佳。因为腿肉蛋白质含量高,脂肪含量少,肉质好。首先将选好的原料肉剔骨,去脂肪、筋腱、淋巴、血管等部分;然后切成 500 克左右大小的肉块,用清水漂洗后沥干备用。

(2)煮制　首先将切好的肉块投入沸水中预煮 60 分钟,同时不断去除浮沫,待肉块切开呈粉红色后即可捞出冷却成形,再按产品的规格要求切成一定的形状;然后取一部分预煮汤汁(约为半成品的 1/2),加入配料(见表 3-2),熬煮;最后将半成品倒入锅内,小火煮制,并不时轻轻翻动,待汤汁快干时,把肉片或条、丁取出沥干。

(3)调味　肉干调味分为五香味和麻辣味,配料因风味的不同而异。肉干加工配方见表 3-2。

表 3-2　肉干加工配方

名称	用量/千克	
	五香味	麻辣风味
瘦肉	100	100
酱油	6	14
黄酒	1	0.5
香葱	0.25	0.2
食盐	2	1.2
白糖	8	0.4
生姜	0.25	0.2
味精	0.2	0.1
甘草粉	0.25	0.36
辣椒粉	——	0.4
花椒粉	——	0.2

（4）烤制 将沥干后的肉片或肉丁平铺在不锈钢盘上，放入烤箱，温度控制在 50℃～60℃，焙烤 4～8 小时即可。为使成品均匀干燥，防止烤焦，焙烤过程中应及时翻动。

（5）冷却包装 肉干烤好后应冷却至室温后再进行包装。若未经冷却直接进行包装，包装容器内易产生冷凝水，使肉片表面湿度增加，不利保藏。

3．板鸭

（1）原料选择 选用饲养 90 天、体重 1.75 千克左右的良种大麻鸭当年仔鸭为原料。

（2）宰杀 宰杀的刀口要小，鸭体倒挂净血。应趁体热将鸭放入 65℃～68℃的热水中浸烫 1 分钟后，趁热迅速煺毛。煺毛应先拔大毛，再拔小毛，细毛和皮下毛要用镊子拔除，用冷水浸洗。然后撕去下嘴巴，顺肘关节割掉两翅，在肘关节处割下两个脚掌。

（3）剖腹 将光鸭腹部朝上放在案板上，对准腹中线偏右侧由后向前割开皮肤和肌肉，开膛，取出内脏，拉出食管和气管，劈开肩关节，抹去余血，摘去余杂，留下后面 3 对肋骨，在背脊处将其斩断（要求不破皮肤），割去鸭屁股，破开肛门，将鸭压成板状。

（4）抹盐 每只鸭用炒干的盐腌制，每只鸭用盐 125～150克。应先从头部至尾部，顺序撒上盐，来回揉擦 10 余次，不要揉破皮肤；然后将鸭翻转，在鸭腔内面撒一些盐，胸肌和杀口部位要多抹一点。对抹好盐的鸭体，将其皮面朝下，扭转鸭颈，沿缸壁层层叠放，中心留一空洞，堆到缸的上沿，加有孔盖，腌 8～12 小时即可出缸。

（5）定型 腌好的鸭用水洗尽盐水，放在 30℃左右的水中漂洗 2～3 次；再将皮肤皱纹拉平，将鸭体平铺在案板上定型，皮面朝上，将颈骨折断扭向右侧弯曲摆平，拉整皮肤，鸭体铺成圆桃形状。

（6）穿绳日晒 在胸骨上沿中间钻孔，穿绳打结成环形，然后穿在竹篙上，放在室外晒架日晒，一般经 6～8 天即可。如遇雨天，可将板鸭挂在烤房内焙烤，先用 40℃左右的温度烘 2 小时，然后用 30℃的温度烘 6～8 小时。日晒，自然干燥的板鸭质量好。

4. 猪肉脯

猪肉脯是指瘦肉经切片（或绞碎）、调味、腌制、摊筛、烘干、烤制等工艺制成的干熟薄片型的肉制品。

(1)原料修整　传统肉脯一般选用新鲜的猪后腿肉，去掉脂肪、结缔组织，顺肌纤维切成 1 千克大小肉块。要求肉块外形规则，边缘整齐，无碎肉，无淤血。

(2)冷冻切片　将修割整齐的肉块移入冰箱内速冻，以便于切片。冷冻时间以肉块深层温度达−5℃～−3℃为宜。将冻结的肉块手工切片。切片时，应顺肌肉纤维，以保证成品不破碎。切片厚度一般控制在 1～3 毫米。

(3)配料腌制　按肉重量比例进行配料。食盐 2.5%、硝酸钠 0.05%、白酱油 1%、小苏打 0.01%、白糖 1%、高粱酒 2.5%、味精 0.3%。将粉状辅料混匀后，与切好的肉片搅拌均匀，在不超过 10℃的冷库中腌制 2 小时左右。腌制的目的一是入味，二是使肉中盐溶性蛋白尽量溶出，便于在摊筛时使肉片之间粘连。

(4)摊筛焙烤　将腌制好的肉片平铺在竹筛上，放入三用炉中脱水、熟化。其焙烤温度控制在 55℃～75℃，前期焙烤温度可稍高。肉片厚度为 2～3 毫米时，焙烤时间为 2～3 小时。

(5)切片成形　烤制后压平，按规格要求切成一定形状。冷却后及时包装。塑料袋或复合袋须真空包装。

5. 兔肉脯

兔肉脯是直接烘干的干肉制品，与兔肉干不同之处是不经过煮制，多为片状。其加工过程与兔肉干基本相同，只是配料不同。

(1)原料整理　将符合要求的胸脯肉去筋膜、肌膜、血污等，将兔肉切成 2 毫米的薄片。切时要注意顺肌纤维的方向切，以减少破碎。

(2)**配料腌制** 按肉料重量进行配料。食盐、咖喱粉各 2%，白糖 10%，酱油 5%，料酒、五香粉各 1%，葱、蒜、姜各 2.5%，蛋清、花椒、辣椒、味精适量。按量调配各种配料，加入肉片中，充分翻拌均匀，腌制 3 小时。

(3)**摊盘烘烤** 将入味的肉片均匀平摊在盘中，肉片间不得留有缝隙，也不能双层重叠，要使之相互粘连成平整的板状。

将摊贴完毕的肉片放到 55℃～60℃ 的烤箱中烘烤 3～5 小时。在此期间，要经常调换盘的位置，使肉片干燥均匀。将焙后的肉片放入烤箱，在 200℃～250℃ 温度下烤制约 1 分钟。烤制后的肉片呈红棕色，肉质出油，散发出独特的烤肉香气。

(4)**切片包装** 高温烤制时，由于肌肉纤维的收缩程度不一致，往往造成肉片不平，必须趁热压平；然后切成 8 厘米×12 厘米或 4 厘米×6 厘米的小块。产品冷却后包装封口。

6. 肉松

(1)**选料修整** 选择猪后腿肉，其他部位的瘦肉亦可。将鲜肉切去肥肉部分，去掉带脂部分，剔去筋膜，顺横纹切成 10 厘米长的条状，然后洗净、沥干备用。

(2)**配料** 按猪瘦肉量配以白色酱油 8%、砂糖 7%、红糟 5%、五香粉 0.4%、油 0.5%。

(3)**制胚** 将铁锅洗净擦干，放入猪油烧沸，加红糟烧透，再投入酱油以及适量清水，用文火煮 20 分钟，除去糟渣与浮沫。然后把切好的肉料下锅煨至肉烂。火力宜适中，否则残油提不尽，容易造成肉松变质。应一直煨至锅内肉汤烧干为止。此时，用锅铲不断翻动，挤压肉块，使水分逐渐烤干，待肉纤维疏松不成团时，即成肉胚。

(4)**炒松** 将肉松胚放到锅里，迅速均匀地反复搓擦烘炒，待炒至肉五成干时，将酒、味精、白糖溶化后，倒入锅内，微火加热，继续炒焙,直至锅的四周起细微肉末时(用手揉擦感觉纤维有弹性且无润潮感),一般可达九成半干燥,即可起锅。

(5)油酥　将炒过的肉松胚抖散,使纤维蓬松,再拣出搓不散的肉块。用猪油加热熔化为流体,倒入锅内,把肉胚下锅继续炒烘、搓擦至全部蓬松为止。炒松火力不宜过猛,以防止焙焦,特别是加糖后要注意控制火力。炒完的肉松晾4～5天,即可包装。

(6)成品　成品规格有两种:一种是纤维蓬松细长,富于弹性,无肉块、无骨杂、无油水分,颜色金黄,深浅适度,香味纯正浓厚;另一种成品为圆粒状,大小均匀,无硬粒,不焦枯,酥香柔软,入口即化。每100千克瘦肉可加工成品35千克。

四、烧烤熏制品加工技术

1. 烤羊肉串

羊肉串是深受人们欢迎的风味小吃,好的羊肉串色泽棕黄,肉嫩味香,鲜美可口。其加工方法如下:

(1)选料修整　选取羊的胸肩、背腰、臀腿等肉层较厚部位的瘦肉,剔除筋腱与碎骨,切成厚0.2～0.5厘米大小一致的薄片,用竹签或钢签串8～10片。

(2)配料腌制　食盐和酱油各为原料肉重的0.2%～0.3%,五香粉、辣椒面、胡椒粉各适量。为除去羊肉特有的气味,可加入适量的大枣与板栗煮制。将串好的羊肉串浸泡于混合好的配料中,经数次翻动后即可。

(3)烧烤　采用炭火和电热炉两种烧烤法均可。

①炭火烧烤:将腌好的羊肉串置炭火上,视炭火强度与羊肉串变熟程度,随时调整翻动,一般3分钟即可烤好,然后将辣椒粉、精盐、味精等作料均匀撒在羊肉串上,再稍加烧烤便可食用。

②电热炉烧烤:将腌好的羊肉串竖挂于烤排上,每烤排可挂

8～10 串,再将挂好羊肉串的烤排送入炉内,每炉 8～10 排,一般 5 分钟便可烤好。烧烤过程中,只需抽查变熟情况,无须翻动和调换位置。此法较炭火烧烤更符合卫生要求。

2. 烤牛肉

(1)**原料整理**　选用健康黄牛的后腿肉,将肉切成重约 200 克的长方形肉块,于清水中漂洗 30 分钟,沥干水分后拌入食盐、姜末、葱节,腌制 1 小时,腌好后用温开水淘洗干净,再沥干水分。

(2)**配方**　按牛肉量配比,卤汤 100%、食盐 6%、生姜 6%、葱、花椒粉、芝麻油适量。卤汤配方为丁香、白芷、砂仁、肉蔻各 10 克,桂皮、山奈各 5 克,甘草 2 克,草果、八角各 1 克,花椒 15 克,冰糖、白糖各 100 克,酱油 200 克。

(3)**制卤汤**　将丁香、白芷、砂仁、肉蔻、桂皮、甘草、山奈、草果、八角、花椒等香辛料装入干净纱布袋中扎紧。锅内放入清水 500 克,加冰糖烧开化散后,再加清水 800 克和白糖、酱油,并把包好的香料袋放入水中,用旺火烧开,撇净泡沫;然后用微火熬煮 30～60 分钟,待汤中五香味已浓时,将香料袋取出即成卤汤;最后将烤熟的牛肉放入烧开的卤汤中,用微火煮 2 小时,将牛肉捞出晾凉后,刷上芝麻油即可。

(4)**烤制**　将腌好的牛肉块放入 180℃ 左右的烤箱内,烤至牛肉刚熟即取出。

3. 烤鸭

(1)**选料处理**　原料要求必须是经过填肥的北京鸭,饲养期为 55～65 日龄,活重在 2.5 千克以上。活鸭经过宰杀、放血、煺毛后,先剥离颈部食道周围的结缔组织,打开气门,向鸭体皮下脂肪与结缔组织之间充气,使鸭体保持膨大壮实的外形;然后从腋下开膛,取出全部内脏,用 8～10 厘米长的秫秸(去穗高粱秆)由切口塞入腔内充实体腔,使得鸭体造型美观。

(2)**冲洗烫皮**　通过腋下切口用 4℃～8℃ 的清水反复冲洗胸

腹腔,直到洗净为止。用铁钩钩住鸭胸部上端4～5厘米处的颈椎骨(右侧下钩,左侧穿出),提起鸭坯,用100℃的沸水淋烫表皮,使表皮的蛋白质凝固,以减少烤制时脂肪的流出,并达到烤制后表皮酥脆的目的。淋烫时,第一勺水要先烫刀口处,使鸭皮紧缩,防止跑气,然后再烫其他部位。一般情况下,用3～4勺沸水即能把鸭坯烫好。

(3)浇挂糖色　浇挂糖色的目的是改善烤制后鸭体表面的色泽,同时增加表皮的酥脆性和适口性。浇挂糖色的方法与烫皮相似,先浇两肩,后浇两侧。一般只需3勺糖水即可淋遍鸭体。糖色的配制是用1份麦芽糖和6份水在锅内熬成棕红色。

(4)灌汤打色　鸭坯经过上色后,先挂在阴凉通风处,进行表面干燥,然后向体腔灌入100℃汤水70～100毫升。鸭坯烤制时,水激烈汽化。通过外烤内蒸,使产品具有外脆内嫩的特色。为弥补挂糖色时的不均匀,鸭坯灌汤后要淋2～3勺糖水,称为打色。

(5)烤制成品　烤制可用家庭一般烤箱。鸭坯入烤时,先将鸭体右侧刀口向火,让烤温首先进入体腔,促进体腔内的汤水汽化,鸭肉快熟。等右侧鸭坯烤至橘黄色时,再使左侧向火,烤至与右侧同色为止。然后旋转鸭体,烘烤胸部、下肢等部位,反复烘烤,直到鸭体全身呈枣红色并熟透为止。整个烤制时间一般为30～40分钟,体型大的需40～50分钟,温度掌握在230℃～250℃。如烤温过高,时间过长会造成表皮焦煳,皮下脂肪大量流失,皮下形成空洞,失去烤鸭的特色;若时间过短,烤温过低,会造成鸭皮收缩,胸部下陷,鸭肉不熟等缺陷,影响烤鸭的食用价值和外观品质。

成品烤鸭皮质松脆,肉嫩鲜酥,体表焦黄,香气四溢,肥而不腻,是传统肉制品中的精品。

4. 烧鹅

(1)选料处理　选用经过育肥的清远黑鬃鹅(又称乌鬃鹅),

体重以 2.3～3.0 千克最好。活鹅经宰杀、放血、煺毛后,在尾部开直口,取出内脏,并在肘关节处切除两爪和翅膀,洗净沥干,制成鹅坯。

(2)酱料配方 取豆酱 800 克,蒜头(压碎)、碎葱白、芝麻酱各 100 克,麻油 10 克,盐、白糖少量。先拌成调味酱汁,再加入白糖、生抽各 200 克,50°白酒 50 克,各种调料混合拌匀。

(3)填料烫皮 向每只鹅坯腹腔内放入五香粉盐 1 汤匙、酱料 2 汤匙,使其在体腔内均匀分布,缝合鹅肚开口,然后用 70℃的热水淋烫鹅坯,并在表皮涂抹 1 层麦芽糖汁,挂起晾干。

(4)烤制成品 把晾干的鹅坯放入家用烤箱,先将鹅坯背向火,用小火烤 20 分钟,再将炉温升至 200℃,并转动鹅体,使胸部向火,约烤 25 分钟,最后在烤熟的鹅身上涂 1 层花生油或麻油,即为成品。

5. 熏兔

熏兔在南方民间称为米烧兔,是逢年过节的一种传统美食品,亦作为馈赠亲友的礼品。

(1)选料处理 选择健康膘肥的重量在 2.5～3.0 千克的成年兔,按传统工序屠宰、放血、剥皮、开膛,除去内脏、脚爪与生殖器,并用清水净后,再用线绳把两后肢绑成抱头状,呈弓形固定。

(2)调料 选用荜拨、凉姜、桂皮、砂仁、花椒、肉豆蔻、八角、白芷等适量,装入纱布袋,放入锅内水中,再加入适量的酱油、酱豆腐、面酱、食盐、大蒜等制成肉汤。配好的汤汁可连续使用 4～5 次,以后酌情添料或换汤。

(3)熟制 将佐料肉汤煮沸后,放入兔坯,再加火煮沸,改用慢火焖煮 3～4 小时,以肉熟烂而不破损为宜。然后把煮好的兔肉捞出,置于特制的铁制笼屉上,控汤待熏;紧接着将煮肉盛于缸内,待冷却后去掉上层浮油保存。煮肉汤可多次使用,称为"老汤"。老汤质量的好坏是肉味优劣的技术关键。

（4）**熏制**　把铁锅清洗干净，在锅内加入大米或柏木碎屑适量，白砂糖少许，上面用木条架于锅下半部，把兔坯放在木条上，然后盖上锅盖，加火烧5～8分钟。当锅内冒出缕缕青烟、闻之有米烧柏木香味时，揭开锅盖取出成品熏兔。成品熏兔皮色枣红色偏暗，油润，味香浓郁，肉质紧实，风味独特。

6. 熏鸡

（1）**选料处理**　选用每只重在500克以上的健康活鸡为原料。将活鸡宰杀，放净血污，入热水内浸烫，煺净羽毛，再开膛取出内脏，洗净鸡身内外，沥干水分备用。

（2）**卤煮**　将白条鸡经过整形，按大小依次摆于锅内，加上陈年煮鸡老汤，对上适量清水，以使汤汁浸没鸡身，然后加上花椒、八角、桂皮、白芷、茴香（装纱布袋内）、葱、姜、蒜、食盐等调料，用量多少视季节和老汤多少而灵活掌握。用大火将汤烧沸，再改用中火煮一段时间；然后用小火焖煮至熟烂，即可出锅。

（3）**熏制**　将熏锅烧热，投入柏木屑或大米与白糖，将煮好的鸡坯放在铁箅子上，入锅熏制5～8分钟，至鸡色红润即可。出锅后涂上香油即可食用。

7. 熏牛舌

（1）**选料处理**　从舌根部将牛舌切下，去除附着脂肪、骨头与残肉，再切成长切割或短切割形状。长切割包括咽喉部和气管的第二节，短切割则是将咽喉部全部切除。

（2）**配料**　按牛舌量加入8.5%的食盐、2.5%的白糖，将食盐、白糖溶于水中。

（3）**腌制**　在牛舌根中心部的两条动脉处进行盐水动脉注射，注射量为牛舌量的10%；然后将牛舌置于桶内，加入混合盐水淹没，于3℃的条件下腌制7天。

（4）**烟熏**　从腌制桶内取出牛舌，冲洗20分钟后挂在熏烟架上，在21℃下先干燥5小时，投入锅内烟熏，在45℃温度下烟熏

15 小时,至牛舌紧实后取出。

(5)冷却　将烟熏过的牛舌放在 21℃下冷却至牛舌中心温度为 43℃时,再转入 2℃下冷却,并贮存在 2℃的冷库内即成。

五、酱卤肉制品加工技术

1. 酱牛肉

(1)选料处理　选用经兽医卫生检验合格的优质牛肉,除去血污、淋巴等,切成 750 克左右的肉块,用清水冲洗干净,沥干血水待用。

(2)配料初煮　按牛肉量进行配料,取干黄酱 10%,食盐 2.7%,丁香、豆蔻、砂仁、肉桂、白芷、大料、花椒各适量。煮锅内放少量清水,把黄酱加入调稀,再对入足量的清水,用旺火烧开,捞净酱沫后,将牛肉放入锅内。肉质老的部位,如脖头、前后腿、胸口、肋条等放在锅底层,肉质嫩的部位如里脊、外脊、上脑等放在上层,然后用旺火把汤烧开,投入辅料煮制 1 小时。

(3)文火焖煮　将初煮过的牛肉用压板压住,再加入老汤和回锅油。回锅油是指上次煮完牛肉撇出的牛乳油,可使牛肉不走味,调料能充分渗入。然后,改用文火焖煮。每隔 1 小时翻锅 1 次,翻锅时,将肉质老的牛肉放在锅内表面,使其烂熟。

(4)出锅浇汁　出锅时,一手拿盘,一手拿筷子,把酱牛肉搭在盘上,再用小勺舀起锅里的汤油,浇在捞出的酱牛肉上,如此反复几次,以冲掉酱牛肉上的料渣;然后将酱牛肉放在屉上,再用汤汁向放好的牛肉浇淋 1 遍;最后控净汤汁,晾凉即成。

2. 酱鸭

酱鸭加工季节最好是每年立冬至立春之间。

(1)选料配方　鸭 1 只,食盐 100 克,酱油 350 克,丁香 1 粒,黄酒、酱色各适量。

(2)腌制　先将配方量一半的盐均匀涂在鸭体外部,另一半盐涂在鸭嘴、刀口和腹腔内,再把鸭头向胸前扭转,夹在右翅下,平正地放入缸内,用石头压实。在0℃下腌36小时,并上下翻动1次,继续腌制36小时后,取出挂通风处沥干。

(3)酱制　把沥干后的鸭坯放入缸内,加入酱油、丁香、黄酒,用石块压实。在0℃下浸48小时,翻转鸭身继续浸48小时后起缸(腌3天,浸4天)。

(4)上色　将腌浸过鸭的酱油加入酱色,煮沸,撇去浮沫,浇淋腌制过的鸭体,淋半分钟后沥干。

成品鸭体呈红色,在日光下晒2~3天即成。应将酱鸭成品置通风干燥处保存。

3.酱鹅

(1)选料处理　选择健壮肥嫩的活鹅宰杀、拔毛后,切去脚爪,在右翅下开腔,取出全部内脏,把血污冲洗干净,再放入冷水里浸泡0.5~1小时,以除去体内残血,然后挂起沥干水分。

(2)腌制　每只鹅用盐75克,将一半盐均匀擦在鹅身外部,另一半盐擦颈刀口和腹腔,并将少量盐放入嘴内。将鹅头向胸前扭转,夹入右翅下,平整地放入缸内,用竹片盖上,石块压实,在0℃下腌36小时后,将鹅翻动一下,继续腌36小时后取出,挂在通风处沥干(如气温在7℃以上,每次腌、酱时间可各缩短12小时);再将鹅放入缸内,加入本色酱油,放上竹盖,上面用石块压实,在0℃下浸48小时后;再将鹅翻身,继续浸48小时起缸。

(3)整形上色　将出缸的鹅体在鼻孔内穿13厘米长的细麻绳,两端系结。用0.5厘米厚、1厘米宽、50厘米长的竹片弯成弓形,从腹下切口处塞入鹅腔,使其弓背朝上,撑住鹅背,且离腹部刀口6.5厘米左右,使鹅腔向两侧伸开。

(4)上色　将2.5千克酱油、150克酱色煮沸后,撇去浮沫,浇淋腌制好鹅体约半分钟,沥干后,在日光下晒2~3天即成品。

4. 卤鸡

(1)选料 选择健康的活鸡为原料,要求体重 1.5～2.0 千克。除需煮鸡老汤外,还需丁香、八角、茴香、花椒、山奈、砂仁、肉蔻、桂皮、陈皮、肉桂各 5 克,食盐 6 克,葱、姜等适量。这些佐料的用量要依老汤的多少和季节不同而灵活掌握。

(2)宰剖 将活鸡宰杀,放净血,入热水中浸烫,煺尽羽毛。宰杀下刀部位应在鸡下喙 1 厘米处,刀口不要超过 3 厘米,开膛去内脏。开膛时,在鸡翅下和臀尖处下刀,刀口不超过 3 厘米。取净内脏后,用清水洗净身内外,沥干水,然后将鸡腿窝进腹内。

(3)卤煮 生鸡下锅后,按比例调料,上火开煮。先用旺火将锅水烧沸,撇去浮沫,再用箅子把鸡收压好,改小火慢慢焖煮。其间要转锅以使火候均匀,煮至软烂而不散即可。

(4)煮熟 煮鸡时间依鸡的大小、鸡龄而定。仔鸡约煮 1 小时,10 个月以上的鸡煮 1.5 小时,隔年鸡煮 2 小时以上。多年老鸡应先用白汤煮,半熟后再放调料对老汤卤煮。

5. 糟兔

(1)原料选择 选择 2～2.5 千克重的健康肉兔 1 只,陈年香糟 50 克,黄酒 60 克,大曲酒 5 克,炒过的花椒、葱、生姜、盐、味精、五香粉各适量。

(2)烧煮配料 将处理后的兔坯放入锅内旺火煮沸,除去浮沫,随即加入葱、黄酒、生姜,再用中火煮 40～50 分钟起锅。在每只兔身上撒些盐,然后从正中剥开成两片,斩去头、爪后,放入经过消毒的容器中约 1 小时,使其冷却;将锅内原汤中的浮油撇去,再加入酱油、盐、葱、生姜、花椒后,倒入另一容器,待其冷却。

(3)糟制 将冷却的原汤放入糟缸中,然后将兔块放入,每放两层,加些大曲酒,并在缸口盖上放 1 只盛有带汁香糟的双层布袋,袋口比缸口略大一些,以便将布袋口捆扎住缸口;将袋内汤汁滤入糟缸内,浸卤兔体,待糟液滤完,立即将糟缸盖紧,焖 4～5 小时,即为成品。

六、禽蛋腌制品加工技术

1. 松花蛋

(1)选料　以鲜鸭蛋为原料,逐个通过灯光照验和敲验,选择蛋白浓厚澄清,无斑点与斑块,蛋黄位于中心,无暗影的鲜鸭蛋。剔除流青蛋、搭壳蛋、散黄蛋、热伤蛋、霉点蛋等。

(2)配料制泥　以 100 个鸭蛋为标准,配苏打 350 克,生石灰(CaO)2.5 千克,红茶末 500 克,氧化铅(PbO,又名黄丹粉、金生粉)45 克,食盐 400 克,干黄土 25 千克,柴灰 2.5 千克,清水 5 千克。配制时,将红茶末、食盐、苏打、氧化铅放入陶缸内,灌入热开水,使其泡开,随后分批放入生石灰,边搅边加,直至均匀,凉后备用。

(3)缸装浸制　把蛋横向装入缸中,上面盖压蛋网盖,再将冷凉料液徐徐灌入,直至将蛋浸没,加盖封缸口。料液温度以保持在 20℃～25℃为宜。浸制 5～7 天后,蛋白变稀呈水状,10 天左右逐渐凝固,15 天后温度可略低。一般经过 25～30 天即成松花蛋。

(4)包泥成品　松花蛋成熟后,蛋壳变得薄、脆,为防止破碎和变质,须涂泥包糠。在涂泥前,先用冷水冲掉蛋上料液后晾干,然后将用过的料液和黄土调成糊糊状,包在鸭蛋上,在谷壳中滚动,用手稍搓成团。包泥后入缸密封,春天经 40～50 天,秋天经 50～60 天,并逐只检查,剔出响蛋、烂头蛋后,再密封 10～20 天即成。

2. 五香熏蛋

将鸡蛋或鸭蛋洗净,放入凉水锅中,用小火煮至五成熟,捞出剥去蛋壳,投入温水锅中,同时加入调味料;按 100 个蛋加入食盐

100 克,花椒 15 克,小茴香 10 克进行配料;用小火煮 4～5 分钟捞起沥干,放在铁丝网上,架在锅内;在锅底放入适量白糖、八角、茴香等,盖上锅盖,用小火烧至白糖熔化冒烟时,将火撤去;焖熏 3～5 分钟取出,涂上香油即成。但应注意不要熏得过老,否则硬皮。

3. 咸蛋

(1)草灰法 按 100 个蛋,配用新鲜稻草灰 1 500 克,食盐 300～400 克,清水 12.5 千克比例备料;将食盐溶入水中,分批加入筛细的草木灰搅拌,使其呈细泥状;静置 24 小时后,将蛋放入灰浆中翻转一下,使蛋壳黏 1 层泥;取出再放入干灰中滚 1 层干灰,并用手捏灰,压紧在蛋壳上,使表面光滑,然后放入缸中密封,一般夏季 30 天,春秋 40～50 天即成。腌好的咸蛋放入 25℃以下的仓库,可保存 2～3 个月。

(2)盐水浸泡法 此法加工技术较简单,成熟快。先配制盐水,按套 1 份食盐两倍开水的比例溶化成浸泡液,待冷却至 20℃左右时,即可将挑选好的鸭蛋放在干净的缸内,上面放 1 张竹篱,压上洗净石块,以防蛋上浮;然后倒入冷却的食盐水,以完全淹没鸭蛋为度,经过 1 个月时间的浸腌后,即成咸蛋。制过蛋的盐水溶液加些食盐后,还可再用于腌蛋。

4. 糟蛋

(1)选蛋击壳 选新鲜鸭蛋,洗净,放在左手掌上,右手拿竹片,对准蛋的纵侧轻轻一击,使蛋产生纵向裂纹,然后将蛋转半周,再敲击一下,使裂纹延伸互连成一线,勿破膜。

(2)糟料 用糯米配制米酒后,除去水酒,余下的酒糟可以用来腌制糟蛋,也可单独用糯米酿成酒,连同糟一起用于腌蛋。一般 100 个鸭蛋需酒糟 12 千克、食盐 3.5 千克配料调成的泥状糟料。

(3)腌制 先备好缸并洗净消毒杀菌;然后将糟料先铺底,以蛋小头向下,大头朝上插入糟料内,要求蛋与蛋依次平放,相互间的空隙不宜太大,第1层蛋放满后铺上酒糟,再放第2层、第3层;最后在尾层蛋上放入约8厘米厚的酒糟,再撒上食盐。注意勿使盐下沉与蛋接触。在腌制过程中,切勿有生水或不清洁的东西混入,以免酒糟酸败,影响糟蛋品质。

(4)封贮　蛋入糟缸后,用牛皮纸裹紧密封缸口,一般经过4个月即可食用。食用时要经蒸煮熟。

成品咸、淡、甜、香具备,十分可口。

5. 香酥蛋松

蛋松多用鲜蛋加工脱水成干蛋丝。其丝绒细长,蓬松软韧,香酥油润,味道鲜美,是一种方便食品。

(1)选料　取新鲜鸡蛋或鸭蛋打入盆中,并调入辅料。按100个鸭蛋用精盐150克,味精20克,酒300克配料。

(2)制作　把锅烧热,加入植物油,以10千克左右为好,烧至油近四成热时,把细眼筛子对准油锅,将拌匀的蛋液逐渐从筛眼淋进油锅中,受热即成丝状;当蛋丝浮起时,迅速用筷子翻过,略松一下,用漏勺捞出。

(3)搓松　将起锅后的蛋丝放在滤油器中,用力压干油分,压得越干越好;稍冷却后,再把蛋丝放入干净的吸油包装纸中,卷起,轻轻揉搓使纸吸收油脂;揉搓时,包装纸出现油湿时即换纸,经3~4次揉搓换纸,即成干而蓬松的蛋松。

第四章 畜禽食材科学搭配与营养菜肴加工

一、畜禽食材的应用与科学搭配

1. 畜禽食材应用范围

(1)作为佳肴主料 畜禽食材在餐桌上为众多菜肴之优。俗话说:"有肉有鱼才有生活。"大家都把肉作为佳肴上品。而在酒楼、餐馆以及婚喜庆典的宴席上,以肉为主的菜谱也是居于上峰,如"回锅肉""醉排骨""荔枝肉""黄焖蹄""烤羊腿""炒猪肝""水晶肚""爆腰花""炒鸭胗"以及"金钱蛋""芙蓉蛋"等一道道名菜,都是以肉蛋为主料。

(2)作为拼菜要料 餐饮菜谱中除以一品独立成菜外,有很多菜谱均为众多食材配合的"拼盘菜"。因为肉是荤菜的代表,成为植物性素菜的好搭档。常见有"牛肉烧土豆""猪肉炒西芹""猪肝煨白菜""羊肉煲萝卜""肉片炖香菇""肉丝炒木耳""排骨炖莲子"等。

(3)作为美味调料 在一席盛宴的 10 多道菜谱中,炒、炖、煸、煲、焖、煮烹饪时,加入的高汤都是由肉类煮制而成的,高汤是再美不过的调味料。还有许多菜谱中也加入肉丝、肉末来增加盘菜中的风味,如常见的"清淡豆腐"放些肉丝,味道更加出彩;炒青菜加点肉丝、肉末,菜品味道更加鲜美。

(4)作为加工原料 畜禽食材除做餐饮烹调菜谱主料、调味料外,很重要的一个用途是作为食品工业的重要原料。无论是"五畜"还是"五禽",其食材通过腌腊熏烤工艺,均可制成风味各异、耐贮性强的各种干制品和美味熟食品，以及罐头制品。

2. 畜禽食材科学搭配方式

《中国居民膳食指南》要求我们注重平衡膳食的多样性和合理搭配性。膳食科学搭配实质是讲究食物的巧妙结合。

(1)营养搭配　畜禽类食材属于营养丰富的动物食品，其含有蛋白质、脂肪、多种维生素，以及矿质元素。众所周知，吃过量动物脂肪，会因摄入太多的饱和脂肪酸和脂肪酸而有损健康，所以，很多人吃肉时只吃瘦肉。其实，吃太多瘦肉同样也会对人体产生危害。这是因为瘦肉虽然含动物脂肪较少，但组成瘦肉的成分中有很多蛋氨酸。蛋氨酸在体内代谢过程中会转变成同型半胱氨酸，而人体对同型半胱氨酸的代谢能力有限，如果超过一定的量，就会使血液中的三酰甘油和胆固醇更易沉积在损伤的动脉壁上，形成动脉粥样硬化，使血管变狭窄，导致冠心病的发生。这也是一些喜欢吃牛排等动物瘦肉的国家中冠心病高发的原因之一。营养专家研究表明，每人每天摄入瘦肉量以 50～75 克为宜。

蔬菜是一种不含脂肪或脂肪甚微的食物。蔬菜提供维生素和矿物质元素，使营养搭配合理。蔬菜中的膳食纤维有促进胃肠蠕动、解除油腻的作用，特别是萝卜、洋葱效果更好，不仅能获得维生素 C，还有较强的解油腻、助消化、缓解胃部胀满的作用。马铃薯、淮山药、莲藕、茭白、竹笋等蔬菜中含有大量的膳食纤维，能刺激肠道，增加蠕动，能增加粪便的含水量，促进排便正常，起到"肠道清道夫"的作用。因此，肉类与蔬菜配合是一对"黄金搭档"。

(2)荤素搭配　肉食是食品中荤的总代表，荤有荤的优点，亦有它的缺点，而素也有它的独特优势和不足一面。素以蔬菜和豆制品为代表。荤素搭配能使饮食上酸碱度达到平衡。肉类、蛋类为酸性食物，人体摄入过多会导致酸性体质，引起高血压、糖尿病、肿瘤等慢性病的发生，而蔬菜瓜果等为碱性食物，能够改善酸性体质。荤素搭配实质也是酸碱配对,可保持人体血液的酸碱平衡,以及代谢的正常运行。因此,猪、牛、羊、鸡、鸭、兔等肉类食材烹调时搭配蔬菜水果,不仅营养互补,相得益彰,而且能增加风味与食欲,使荤菜的食用价值更高。

(3)颜色搭配　餐饮上讲究"形、色、味"。畜禽类食材经烹饪后,其颜色脂肪层呈黄色,瘦肉为褐黑色,在色泽上有其弱点。现代社会消费理念趋向"绿色食品",而绿是蔬菜天然独有的特征。因此,肉类食材的配色理想对象就是蔬菜。蔬菜品种中有黄、红、绿、白颜色,可以任选搭配。常见的有鸡脯肉炒藕丝(白)、肉丝炒胡萝卜(红)、猪肝拌生菜(绿)、肉丁煨南瓜(黄)。

(4)味道搭配　肉类本身的滋味单纯,棒骨、排骨经熬制后汤汁清香。烹调上必须用油、盐、酱、酒、醋、辛、辣、香等作料。如香菜、芹菜、韭菜、大蒜、大葱、辣椒等,这些香辛菜不仅可除腥味,而且还会使肉食味道更加香醇适口,回味无穷。川菜、湘菜中"无辣不成菜"就是辣椒为重要角色。在烹调上,常用羊肉、生姜或羊肉、大蒜搭配烹制菜肴。姜不仅能排解羊肉腥味,而且还会增添香味。广东一带煲汤十分讲究,在汤煲中,猪棒骨、老鸭为主料,加入桂圆、红枣、核桃、栗子、杏仁、桃仁等干果与茶薪菇干品,味道就显得特别清甜醇香,风味极佳。

(5)粗细搭配　畜禽类食材加工成块、粒、丝、丁、茸不同形态,与其他食材搭配时,还要讲究粗细协调。猪蹄、排骨、猪腰子、牛肉、羊肉、鸡块、鸭胗一般以块状为适,搭配果蔬菇菌食材时,以片丝、菱形为适,如蔬菜中茭白、冬笋、莲藕切成丝,菇菌中以原体态切成片、条、丁为适。

(6)品性搭配　羊肉性温热,需要搭配性凉和甘平的瓜菜,如冬瓜、丝瓜、油菜、菠菜、白菜、平菇、金针菇、香菇等,使其温凉平衡,能起到解热去火的作用。腊肉属于腌制品,加工和保管过程有可能被真菌侵蚀污染,虽然烹调前经过清洗处理,但仍有残留。因此,应搭配黄瓜、丝瓜、苦瓜、豆腐、腐竹等有解毒作用的食品。

二、畜禽食材烹前处理

1. 清洗净化

畜禽食材无论是鲜活品还是腌渍干咸半成品，烹饪菜肴前必须清洗净化，而清洗亦有讲究。

(1)洗涤　新鲜猪肉、牛肉、羊肉和鸡、鸭、鹅等禽胴体洗涤时，宜置于清水中，把肉体血管中淤积的血液挤净，同时除去黏附在肉体上的杂物，洗净后排于竹筛上沥水。肉类洗涤与果蔬菇菌洗涤大有差别，肉类表层不会残留农药，所以不必浸泡，因为浸泡时间一长，肉质内的养分被分解于水中，造成营养流失。营养流失的肉质，烹饪后食用时，口感清甜度差。肉类在水中清洗浸泡时间以不超过 10 分钟为宜。

(2)清污　畜禽肚、肝、肾、肺、肠等内脏都含有臭味残留物和异臭气味，尤其是肚、肠内表面有一层黏稠液，粪渣附着内腔壁上，如果洗不净，烹饪后臭味残留，影响食性。清污方法为：先将肚、肠内腔住外翻出，用淀粉、食盐和黄酒混合进行反复揉搓，使肚肠黏液排出，再用清水搓洗干净，然后用沸水焯烫；也可将肚、肠放入淡盐酸混合液中泡浸片刻，再放入淘米水中浸泡 10 分钟，然后在清水中搓洗干净。牛肚内壁有一层黑条绒，应撒上食用碱进行反复揉搓，使其黑膜脱除，然后用清水冲洗净。

(3)除臭　猪、牛、羊的腰子是一种脆嫩可口的食材，但因是排尿器官，蓄有尿臭气味，如处理不好，难以入口。腰子除臭方法很简单，只要将腰子剖开，清洗除去血污后，再置于盐水中浸泡 4～5 小时。盐水可起渗透分解作用，可使残留的尿液分散排出。

2. 干咸制品复原

畜禽类食材的干制品如板鸭、板兔、腌肉、咸肉、糟肉等均属于半成品的原料。干品须泡发,咸品须淡化,糟品须除糟后,方可用作烹饪菜肴。

(1)干品泡发复原　常见的板鸭、板兔以及肉干,烹前必须通过清水浸泡,使其恢复原状态。这些干制品浸泡时,水温要保持25℃~35℃,这样才能使干品容易吸水。如果水温太高,易使干品营养流失;水温太低,干品吸水慢,复原时间长。干品泡发率一般为1:5~1:6倍。

(2)盐渍品退咸淡化　咸肉是利用食盐的渗透压进行加工的,食用前必须进行退咸处理。一种方法是先将咸肉放入水中浸泡,同时加入2%的食盐放入水中,浸泡8~12小时。这样盐咸即可释出,使肉质淡化成盐腌前的原有状态。另有一种是短时间浸泡退咸,使肉质保留一定咸味,作为一种咸肉蒸煮后食用。

(3)糟制品除酒糟　以酒糟作为腌料的糟肉,烹饪前洗去黏附在肉体上的糟粕即可,不需要浸泡,因为糟中用盐比例小,是以糟作腌制防腐剂的,所以,洗糟粕后,即可干煮或蒸熟食用。

3. 食材切削改刀技巧

切削是烹前加工的一门刀工技艺。肉类食材的切削依品种不同和菜谱特定形状而有别。

(1)保留原状态　常见的名菜"焖猪蹄"是取猪腿蹄部位,加工时,近腿部位切平后,除去爪牙壳,洗净,在蹄腿上剁成3~4厘米小段,但底部的皮要连而不断,保留其原有的形态。

(2)改体变形　除猪蹄保留原形外,一般肉材均要改体变形,如瘦肉切成肉片、肉粒、肉丝,肚切成肚丁、肚丝,而腰子、鹅胗等,其刀工更加精细,均需轻刀纵横切纹,煮熟后,变成绽放的腰花、胗花。

4. 烹前加热焯烫

畜禽类食材加热焯烫是为了去除动物体特有的不良气味。肉类热焯烫的水温和时间比菜蔬菇菌要高很多。肉类焯烫的水温一般为 95℃时。先将肉材下锅,待锅内肉和汤再次煮沸时掌握加热 20 分钟后捞起,然后用清水冲洗干净,用于调制菜肴。

5. 烹饪基本要领

(1)烹调方式　畜禽食材的膳食菜谱款式复杂,异彩纷呈,有爆、炒、烹、炸、煎、煨、熘、炖、烧、烩、煮、扒、蒸、贴、焗、氽、涮、酿、卤、糟、炝、拌、腌、酱、熏、醉、渍等多种烹调方法。不同的烹饪方法能使同一原料具有风格迥异的风味;而不同性质的肉材,应采用不同烹饪方式,灵活掌握。

(2)烹饪火候　"烹"指的就是火候。火候与调味存在微妙的关系。现代科学证明,食物的鲜味不但与那些高度碱基化的氨基酸有关,而且核酸降解物的鸟苷酸、肌苷酸、腺苷酸等核苷酸的组成和含量的呈鲜作用也至关重要。畜禽类核酸含量很高,在一定温度条件和一定反应时间内,在磷酸二酯酶的作用下,能使核酸降解为核苷酸,而呈现鲜味。如加温时间过长或温度过高,在一系列酶的作用下,核苷酸继续降解为不呈鲜味。由此可见,古代烹饪典籍中,对烹饪火候掌握的论述,是完全符合科学原理的。

不同品种的畜禽食材应掌握不同火候。猪瘦肉和猪肚切丝切片,上锅速炒,时间短,翻动勤,可保持肉质脆嫩,口感适宜。旺火速炒不宜过早加调味料,一般以炒至六成熟时,加入为适。水溶性营养素的溢出会导致肉质失去嫩脆质感,降低营养价值,也影响风味。而畜禽肝脏、腰子属于柔质体,应经旺火速炒,至八成熟就起锅并加调味料,这样才能保持质地脆嫩滑爽,口感良好。

三、肉类、蛋品家常菜谱调制

1. 肉类菜谱

(1)回锅肉

【原料】　选购带皮猪腿肉 400 克,青蒜苗 200 克,甜面酱、盐、辣豆瓣酱、料酒、花生油各适量。

【调制要点】

①将猪肉放汤中煮至肉熟皮软,捞出晾凉。将晾凉的肉切成大片。青蒜苗洗净切段。

②锅内入油烧热,下肉片炒至出油,然后加入辣豆瓣酱、盐、甜面酱翻炒,再加酱油、料酒炒匀,最后放青蒜苗炒熟即成。

【特色】 翠黄交映,脆嫩清香。

(2)农家小炒肉

【原料】 瘦猪肉 150 克,带皮五花肉 100 克,绿尖椒 4 根,大蒜 8 瓣,盐 6 克,鸡精 6 克,黄酒、老抽各 5 毫升,生粉适量。

【调制要点】

①将所有原料清洗干净后,沥干水分,备用。将瘦猪肉切成片,拌入盐、鸡精各 2 克,黄酒 5 毫升,老抽 2 毫升和适量生粉拌匀,腌制 5 分钟左右。

②将带皮五花肉、大蒜切片,尖椒洗净,从中间横向分成两半,斜切成长条状,备用。

③冷锅放油,并用大火将油烧热,油温达到六成热时,放入带皮的五花肉片,煸炒时间反复煸炒,以五花肉中的肥油一部分被煸出、肉片变成金黄色为适。

④五花肉不出锅,倒入切好的尖椒片和蒜片;然后放入剩余的盐、鸡精,继续翻炒 2~3 分钟;最后放入腌好的瘦肉片,略炒半分钟,放老抽 3 毫升,出锅装盘即可。

【特色】 脆嫩滑爽,清香诱人。

(3)干煸牛肉丝

【原料】 牛肉 400 克,水发竹笋 100 克,西芹 25 克,干辣椒2.5 克,花椒、淀粉、白糖、味精、花生油、盐、葱花、姜末各适量。

【调制要点】

①将牛肉切成丝,加盐腌至入味,拍匀淀粉。干辣椒、竹笋、

西芹洗净,分别切丝。

②锅中放油烧至八成热时,下牛肉丝炸酥,并捞出沥油。

③锅内留少许油,下葱花、姜末、干辣椒、花椒,爆香。

④倒入炸好的牛肉丝,放入西芹丝、竹笋丝,翻炒均匀,最后加入白糖、味精调味即可。

【特色】 脆嫩适宜,香甜可口。

(4)红烧猪蹄

【原料】 猪蹄1千克,盐、葱各15克,姜10克,香油、料酒各约25克,花椒5粒,冰糖50克,高汤1 200毫升。

【调制要点】

①将猪蹄刮毛洗净,剁去爪尖,劈成两半,用水煮透后放入凉水中。将姜、葱拍破待用。

②锅中放少许香油烧热,放入冰糖炸成紫色时,放汤调至浅红色。

③加入猪蹄、料酒、葱、姜、盐、花椒,将汤烧开后除去浮沫,用大火烧至猪蹄上色后,移至小火炖烂,收成浓汁即成。

【特色】 金黄相映,柔腻醇香。

(5)白斩鸡

【原料】 肥嫩仔公鸡1只,红油辣椒、香油各150克,白糖、酱油各50克,豆瓣酱15克,盐、花椒粉适量。

【调制要点】

①将鸡宰杀后去净毛与内脏,并两腿分开距离3厘米左右,用细麻绳缠紧,再将处理好的公鸡下入清水锅中,用小火煮至八成熟时捞起待用。

②用开水将鸡身上的油污、杂物冲洗干净,再泡入凉开水中,待凉透后捞起沥水,剁成条块装盘。

③将酱油、豆瓣酱、盐、红油辣椒、香油、花椒粉、白糖混合均匀,淋在鸡块上,拌匀即可。

【特色】 柔腻细嫩,齿感脆香。

(6)京都烧羊肉

【原料】 羊肉 500 克,黄瓜条、香葱段、生抽各 50 克,单饼 12 张,老抽 30 克,红曲粉、蚝油、盐、鸡粉各 10 克,蒜蓉辣酱、芝麻椒盐各 5 克,色拉油适量。

【调制要点】

①羊肉排酸、余水后放入汤锅中,加入调料(生抽、老抽、红曲粉、蚝油、盐、鸡粉)腌制 1 小时。

②锅中加入色拉油,油温升至六成热时,下入腌好的羊肉,中火将肉炸成金黄色。

③沥油后,码在黄瓜条和香葱段上,放上蒸好的单饼,佐以蒜蓉辣酱或芝麻椒盐即可食用。

【特色】 肉腻柔软,鲜美适口。

(7)蒸牛百叶

【原料】 牛百叶 300 克,红椒 30 克,蒜蓉 8 克,香油、盐、味精、米醋各适量。

【调制要点】

①将牛百叶洗净,切成长 4 厘米、宽 1 厘米的长条,将红椒洗净,切丝。将百叶条余水后捞出,备用。

②将牛百叶、蒜蓉、红椒丝放入盘中,加盐、味精拌匀,放入蒸笼内,大火蒸 10 分钟至牛百叶熟透,取出,淋上香油、米醋即可。

【特色】 玉黄透亮,清脆爽口。

(8)红油猪肚丝

【原料】 牛肚 400 克,香葱末、辣椒油、白糖、酱油、盐、味精各适量。

【调制要点】

①将牛肚洗净,入沸水煮熟后捞起,晾凉,切成丝,装盘。

②酱油、辣椒油、白糖、盐、味精调成红油味汁。

③将调味汁淋在肚丝上,撒香葱末即成。

【特色】 脆嫩耐嚼,油香四溢。

(9)清蒸羊肉汤

【原料】 羊肉 200 克,萝卜 300 克,姜末、香葱末、盐、蚝油、味精、素油各适量。

【调制要点】

①将羊肉切成薄片,放入热水锅中汆烫,除去油脂,捞出控水。将萝卜剥皮,洗净,切块备用。

②炒锅中加油烧热,下入姜末、萝卜块略炒。

③加清水烧沸,放入羊肉片、盐、味精、蚝油,煮至入味,撒上香葱末即可。

【特色】 肉烂卜脆,香甜鲜美。

(10)双色腰子

【原料】 鸡腰子 200 克,羊外腰(羊睾丸)4 个,青菜心 10 棵,葱、姜丝各 10 克,蒜片、姜片、料酒、孜然粉各 10 克,枸杞若干粒,精盐 8 克,胡椒粉 2 克,鸡精、味精各 3 克,吉士粉、干淀粉各 20 克。

【调制要点】

①将羊外腰去除外皮与筋膜,切成两半,直刀切菊花刀,加葱、姜丝各 10 克,精盐 4 克,料酒 5 克和鸡精、味精各 1.5 克,腌渍 10 分钟,去掉葱、姜丝,放入吉士粉和干淀粉中拍粉。

②将鸡腰入沸水中汆一下捞出,再把腰子剖开,若是小的,整个用。将枸杞用清水泡发,菜心炒熟备用。

③锅上火,下少许油烧热,入蒜片、姜片爆香,下精盐 4 克和余下的料酒、味精、鸡精、胡椒粉、鸡腰;将清汤烧沸,勾芡,淋明油,撒上枸杞,盛入碗中,保持热度。

④与此同时,另将锅置火上,入油烧至七八成热,下入抖散的羊外腰,炸至金黄色浮起时捞出,迅速摆在盘周围,均匀撒上孜然

粉,将碗中鸡腰扣于盘中心,以菜心围边即成。

【特色】 滑嫩咸鲜,红、白、绿相映。

2. 肉类与蔬菜搭配菜谱

(1)五花肉拌生菜

【原料】 生菜 10 片,五花肉 200 克,水 2 杯,啤酒半杯,胡椒粉适量,浓酱油(做菜专用)、醋各 1 大匙,柠檬汁、豆瓣酱、白糖、香油、芝麻各 1 大匙,盐适量。

【调制要点】

①将生菜洗净后沥干,切成小片。

②往锅中倒 2 杯水后,加入啤酒,煮到水冒泡时,将五花肉一片一片地放到锅里煮熟后捞出,与生菜和调料酱拌到一起,盛入盘中即可。

【特色】 黄绿相衬,香甜适中,风味独特。

(2)肋排炒蒜蓉

【原料】 猪肋排 500 克,蒜蓉 50 克,海鲜酱、沙茶酱、老抽、生油、蚝油、红糖、味精、干红辣椒、色拉油各适量。

【调制要点】

①将猪肋排剁成长段,洗净后控干,放进容器内,加入海鲜酱、沙茶酱、老抽、生油、蚝油、红糖、味精拌匀,腌 2 小时入味。

②往炒锅放油烧至三成热时,放入排骨,慢慢升高油温,待炸至肋排熟透、表面变硬时捞出,沥油。

③将炒锅留底油烧热,放入蒜蓉、干红辣椒,炒出香味;再放入排骨翻炒均匀,装盘即成。

【特色】 脆嫩清香,色味兼优。

(3)鸡肉牡丹菜

【原料】 净鸡肉 300 克,大白菜叶 18 片,水发香菇、竹笋、熟火腿、青豆、精盐、料酒、豆豉各 10 克,蚝油、胡椒粉各 5 克,味精、鸡精各 3 克,水淀粉 30 克,鸡蛋清 1 个,葱、姜末、红辣椒丝适量。

【调制要点】

①将鸡肉切成约 0.5 厘米大小的丁,加入鸡蛋清和 20 克淀粉拌匀;火腿、竹笋、香菇均切成小丁,豆豉剁成茸。

②往锅内入油烧至四成热时,下鸡丁滑散捞出;锅内留底油,下葱、姜末、豆豉茸、鸡丁与 5 克料酒、盐、鸡精、味精、少许清汤、胡椒粉、蚝油,当将汤烧沸时勾薄芡,晾凉,即成鸡丁馅。

③将大白菜切去菜头,逐层剥离投入沸水中略焯后捞出;往每片叶上放 1 份鸡丁馅,包成菜包,并逐层拼摆成牡丹花状上笼蒸约 5～8 分钟取出。

④往锅内加入少许油烧热,加入余下的调料与清汤,勾流水芡,将明油浇淋在菜包上,用绿叶与红辣椒丝点缀成叶与花心即可。

【特色】　凤戏牡丹,味优余韵。

(4)肉丝炒茭白

【原料】　茭白 200 克,猪瘦肉 150 克,泡椒 30 克,香菜段 15 克,精盐 1 小匙,味精、胡椒粉、香油各少许,绍酒、水淀粉、熟猪油、鲜汤各适量。

【调制要点】

①将茭白削去老根与粗皮,洗净切成细丝;泡椒去蒂与籽,洗净沥水,切成 6 厘米长的丝;绍酒、味精、精盐、水淀粉、鲜汤放碗中调成味汁。

②将猪瘦肉剔去筋膜,洗净,沥干水分,先切成薄片,再切成 6 厘米长的细丝,放入碗中,加入少许精盐、绍酒和水淀粉拌匀上浆。

③往锅内加入熟猪油烧热,下猪肉炒至断生;再放入茭白丝翻炒 1 分钟至茭白熟嫩;然后烹入调好的味汁,旺火翻炒均匀,淋入香油;撒上香菜段、泡椒丝炒匀,出锅装盘即可。

【特色】 脆嫩滑爽,口味新鲜。

(5)猪肝拌菠菜

【原料】 菠菜 250 克,鲜猪肝 50 克,姜末、蒜末各 5 克,精盐、味精、白糖、白醋、香油、花椒油各 1/2 小匙,一品鲜酱油 1 小匙,色拉油 1 大匙。

【调制要点】

①将猪肝剔去筋膜,洗净,切成薄片,加入精盐、味精调拌均匀;再放入沸水锅中焯烫至刚熟,捞出,放清水中洗净浮沫和杂质,沥干水分,放入盘中。

②将菠菜洗净放入沸水锅中焯烫一下,捞出用冷水冲凉,沥干水分,切成长段。

③往锅中加入色拉油烧至六成热,下蒜末、姜末炒出香味,加入精盐、白醋、白糖、一品鲜酱油、味精,炒匀成味汁。

④将菠菜放碗中,加入一半味汁与香油拌匀,把菜红根朝外码盘;猪肝加入剩余味汁拌匀,放在菠菜上,淋上花椒油即可。

【特色】 菜嫩肝脆,风味极佳。

(6)排骨焅芋头

【原料】 猪排骨 250 克,芋头 300 克,葱段 10 克,姜片 5 克,精盐、绍酒、熟猪油、香油各适量。

【调制要点】

①将猪排骨洗净,剁成大小均匀的小段,放沸水锅中焯烫一下,捞出用温水冲净;芋头削去外皮,洗净,切成滚刀块放入沸水锅中焯烫一下,捞出过凉,沥水。

②将净锅置火上,加油烧热,先下葱段和姜片焅炒出香味;再放入排骨块,用旺火快速翻炒几分钟,添入适量清水烧沸,撇去浮沫;然后加入少许绍酒,转小火续煮 30 分钟至排骨块刚熟时,放入芋头。

③转中火煮至熟烂,捞出葱段和姜片;然后加入精盐,调好口

味,淋入香油,即可出锅。

【特色】　芋糯肉烂,香甜爽口。

(7)鸡球烧洋葱

【原料】　鸡腿肉 300 克,柠檬 1 个,洋葱、胡萝卜各 25 克,精盐、鸡精、白糖、绍酒、酱油、香油、高汤、色拉油各适量。

【调制要点】

①将鸡腿肉洗净,切成小块,放入碗中,放少许绍酒和酱油拌匀,腌渍 20 分钟;柠檬洗净,切开后挤汁,果皮切成大块;胡萝卜去皮、洗净,切成滚刀块;洋葱洗净,切成菱形片。

②往锅中加油烧热,放入鸡块炸至金黄色,捞出沥油;锅内留少许底油,烧热,先放入洋葱片煸炒至软;再放入胡萝卜和柠檬皮翻炒均匀,烹入绍酒炒匀;最后加入精盐、白糖、酱油和高汤烧沸,放入炸好的鸡肉块;旺火烧至熟嫩,加入鸡精,淋入香油、柠檬汁炒匀,即可出锅装盘。

【特色】　香脆幼嫩,鲜甜爽口。

(8)兔丝熘韭黄

【原料】　兔肉 250 克,韭黄 100 克,蛋清 1 个,精盐、鸡精、味精、白糖、胡椒粉、淀粉各 1/2 小匙,绍酒 2 小匙,水淀粉适量,色拉油 4 大匙。

【调制要点】

①将兔肉洗净,用干净的布包裹轻轻压出水分,先切成大片,再切成精丝,放入碗中,加入鸡蛋清、绍酒、精盐、味精、淀粉拌匀,码味上浆;韭黄去根和老叶,清水洗净,沥去水分,切成小段。

②将净锅置火上,加入色拉油烧至四成热时,下兔肉丝滑至断生,捞出沥油;原锅留少许底油,置旺火烧至六成热时,下入韭黄段炒出香味。

③放入兔肉丝翻炒均匀,加入胡椒粉、鸡精、白糖煸炒约 1分钟;然后用水淀粉勾芡收汁,淋入少许明油炒匀,出锅装盘

即成。

【特色】 脆嫩柔韧,齿留余香。

(9)鸡汁白菜

【原料】 大白菜 2 棵,金华火腿 50 克,鲜汤、盐、鸡精、黄酒各适量。

【调制要点】

①将白菜掰去外层,洗净后一剖为二,装入容器内,浇入加调味料和匀的鲜汤。

②上笼蒸 10 分钟取出,白菜装盘,撒上火腿末即成。

【特色】 色白质嫩,口味鲜美。

(10)腊肉炒莴笋

【原料】 后腿腊肉 250 克,莴笋 200 克,鲜红椒 50 克,蒜苗 25 克,精盐、味精、绍酒各适量,鲜汤 2 大匙,熟猪油 1 大匙。

【调制要点】

①将莴笋去根、皮,切成片,加入少许精盐,腌出水分,沥净;蒜苗洗净,切成 3 厘米长的小段;鲜红椒去蒂、籽,洗净沥水,切成菱形片。

②将腊肉用温水洗净,捞出擦净表面水分,放入盘中,放入蒸锅中蒸熟,取出去皮,按横纹切成大薄片。

③将锅置旺火上,加入猪油烧至六成热时,下腊肉煸炒至出油,放入红椒片、莴笋片,旺火翻炒均匀。

④加入精盐炒匀,烹入绍酒,添入鲜汤,炒至莴笋片断生,加入味精,撒上蒜苗段炒匀,淋入明油,出锅装盘即成。

【特色】 笋肉软嫩,甜香微辣。

3. 肉类与菇菌搭配菜谱

(1)猪脊肉炒蘑菇

【原料】 猪里脊肉 250 克,鲜蘑菇 200 克,红大椒片 25 克,料酒、干淀粉各 5 克,精盐 3 克,味精 2 克,鸡蛋清 1 个,湿淀粉 10

克,食用油适量。

【调制要点】

①将鲜蘑菇去杂质,洗净,入沸水锅中焯水,并迅速捞出,用清水冷却,沥干水分,切成片;猪里脊肉切成柳叶形的薄片,放入碗中,加鸡蛋清、精盐和干淀粉,拌匀上浆待用。

②炒锅上旺火,放入食用油,烧至六成热时,倒入肉片,待变色后倒入漏勺沥油;炒锅复上火,放入食用油,投入红大椒片、蘑菇片煸炒。

③往锅内加入料酒、精盐、味精,用湿淀粉勾芡,倒入肉片,颠锅炒匀,起锅装盘即成。

【特色】　鲜嫩润滑,清爽适口。

(2)牛肉煨香菇

【原料】　生牛肉100克,干香菇、青椒各50克,鸡蛋4只,生粉、面粉、麻油、熟猪油、料酒、精盐、味精、葱、姜各适量。

【调制要点】

①将香菇预处理后,与牛肉分别切成细条待用,青椒切成丝。

②将鸡蛋打入碗中,加入面粉、生粉、精盐、料酒、味精搅拌,调成糊状。

③炒锅上火,倒入熟猪油,烧至七成热时,将牛肉条逐条浆上糊,下锅炸至金黄色时捞起。

④炒锅内留少许油,下姜、葱丝翻炒出香味;倒入炸过的牛肉条、香菇条、辣椒丝,翻炒均匀,加料酒、精盐、味精和少量素汤烧熟,勾薄芡,淋上麻油即可出锅装盘。

【特色】　松软可口,色香味俱佳。

(3)腿肉焖茶薪菇

【原料】　腿肉150克,鲜茶薪菇200克,熟咸肉150克,料酒15克,精盐3克,鸡清汤1 000克,葱段、香油、姜块各10克,味精

1克。

【调制要点】

①将鲜茶薪菇去蒂、杂质,洗净,入沸水锅中焯水,并迅速捞出,用清水冷却,沥干水分,切成长段;熟咸肉、熟火腿切成长条待用。

②将茶薪菇段排在碗中央,熟咸肉和熟火腿片分别放在菇两侧,与碗齐平,上面放葱段、姜块、料酒、精盐和少许鸡清汤,上笼旺火蒸约15分钟,倒入汤碗内待用。

③炒锅上火,放入鸡清汤,烧沸后加精盐、味精起锅,轻轻倒入放有熟菇、咸肉、火腿的碗内,淋上香油即成。

【特色】 咸鲜适口,清爽素雅。

(4)鹅肉炖滑菇

【原料】 净仔鹅肉、滑菇各400克,酱油12克,精盐3克,味精2克,葱段、姜块、料酒各15克,清汤600克,食用油30克。

【调制要点】

①将仔鹅肉剁成块,用沸水焯透。

②往锅内加油烧热,放葱段、姜块炝香;加入料酒、酱油、清汤,放鹅块炖至七成熟,放入滑菇、精盐,继续炖至鹅块熟透,加味精后装盘即可。

【特色】 滑润鲜甜,香醇可口。

(5)鸡柳爆猴头菇

【原料】 鸡胸肉200克,猴头菇罐头1瓶,胡萝卜1个,西芹1条,冬笋1条,蚝油1汤匙,砂糖半茶匙,鸡蛋白1只,水溶栗粉1汤匙,味精、盐、胡椒粉各少许,酒、油各适量,姜2片,葱1根。

【调制要点】

①将鸡胸肉去筋,切成条状,加入味精盐、胡椒粉调匀,泡嫩油待用。

②把猴头菇顺菌刺切成条状,放入有姜、葱、盐的滚水中余

过,捞出,沥干。

③起油锅,爆姜片、葱片,依次加入西芹条、冬笋条、胡萝卜条,然后下入猴头菇和鸡柳,烹酒,炒匀,而后用水溶栗勾芡,淋少许熟油,装盘即成。

【特色】　滑嫩鲜美,醇香爽口。

(6)肚片炒草菇

【原料】　鲜草菇 200 克,熟猪肚 150 克,蒜泥 25 克,姜末 1 克,酱油 15 克,精盐 1.5 克,白糖 2.5 克,料酒 5 克,香醋 1.5 克,味精 1 克,湿淀粉 10 克,食用油 40 克。

【调制要点】

①将鲜草菇去蒂、杂质,洗净,入沸水锅焯水后,捞出,沥干,切成片;熟猪肚斜切成长 4 厘米、宽约 1.6 厘米、厚 0.7 厘米的肚片待用。

②炒锅上火,放入食用油,依次放入蒜泥、姜末、草菇、肚片,煸炒几下,加酱油、精盐、料酒、白糖、味精和清水。

③炒匀后用湿淀粉勾芡,淋入香醋,颠锅炒匀,起锅装盘即成。

【特色】　色泽红润,味道鲜香。

(7)鸡片炒金针菇

【原料】　鸡脯肉 150 克,金针菇 200 克,鸡蛋清 1 个,淀粉、料酒各 20 克,葱花、姜片各 10 克,精盐 3 克,鸡精 5 克,味精 2 克,清汤 25 克,食用油 100 克。

【调制要点】

①将鸡脯肉切成片,用精盐、料酒、蛋清、淀粉上浆;用清汤将鸡精、味精和余下的料酒、精盐、淀粉兑成汁;锅内加油烧至四成热时,放鸡脯肉片滑熟待用。

②锅内留油,放葱花、姜片炝香,放入金针菇炒熟。

③放入鸡脯肉片,浇汁翻匀,装盘即成。

【特色】　肉片软嫩,金菇滑润,咸鲜适口。

(8)鸡肉炖白灵菇

【原料】　熟猪肉 50 克,鲜白灵菇 300 克,鸡脯肉 130 克,鸡蛋清 2 只,猪肥膘肉 75 克,黄酒 15 克,葱白 10 克,精盐 1.5 克,味精 1.5 克,胡椒粉 0.5 克,淀粉 50 克。

【调制要点】

①将白灵菇洗净泥沙,挤去水分,去根蒂,切成薄片;炒锅放入猪油、葱白、姜片炒香,加入绍酒、鸡汤、精盐、味精、胡椒粉,烧约 5 分钟入味,将菇体沥去汤汁,平摊在平盘待用。

②将鸡脯肉剔去筋,剁成细茸入碗,加清水,用竹筷顺同一方向搅拌打至水、茸融和;随后加入鸡蛋清,继续搅打均匀;再加入精盐、味精、绍酒、湿淀粉和剁成肉泥的猪肥膘肉搅拌成稠糊。

③将鸡蛋清与干淀粉调成蛋清糊,均匀涂抹在盘中,再瓢入鸡茸糊,上笼蒸 5 分钟取出,旋转排放在盘子正中间。

④另起炒锅,放入猪油烧热,加入绍酒、精盐、鸡汤、味精烧沸起锅,将汁淋在盘中的菇体上即成。

【特色】　咸鲜软嫩,回味无穷。

(9)鸡茸银耳

【原料】　鸡脯肉 100 克,干银耳 15 克,火腿肉末 10 克,猪肥膘 25 克,鸡蛋清 3 只,鸡汤、白酱油、味精、生粉、高汤、熟猪油各适量。

【调制要点】

①将鸡脯肉、猪肥膘分别剁成细泥,拌和放在碗中,加调料、蛋清、鸡汤,用筷子搅拌成鸡茸糊。

②将银耳泡开,去蒂、洗净,放入碗中,加入高汤,上笼用旺火蒸透,取出沥去汁。

③炒锅置旺火上,放入生粉水慢搅至乳白色时,加白酱油、味精调匀,放入鸡茸糊;然后改文火烧,用铁勺不断搅动,倒入银耳

翻炒几下，起锅装在盘中，撒上火腿末即成。

【特色】 脆嫩鲜滑，清香可口。

(10)肉丝炒黑木耳

【原料】 瘦猪肉150克，水发木耳75克，熟冬笋100克，食用油50克，湿淀粉、酱油各15克，精盐2克，味精1克，蒜泥、白糖、料酒各10克，豆瓣辣酱20克，葱末、香醋、姜末各5克。

【调制要点】

①将水发木耳择洗干净，控净水分，切成粗丝；猪瘦肉切成细丝；熟冬笋切成丝；豆瓣辣酱用刀斩碎。取小碗一并放入酱油、精盐、香醋、白糖、料酒、味精、湿淀粉调成芡汁。

②炒锅上火烧热，放入食用油，待油热后，投入蒜泥、葱末、姜末煸香；然后投入豆瓣酱炸香；再放入肉丝煸炒至肉丝完全变色后，加入笋丝、木耳丝、芡汁。

③待芡汁发出"嗞嗞"响声并变稠时，再推炒、颠锅，使芡汁黏在原料上，起锅装盘即成。

【特色】 酸甜带辣，脆嫩滑爽。

4. 肉类与瓜果搭配菜谱

(1)猪肉镶黄瓜

【原料】 猪肉末200克，黄瓜1/2根，毛豆仁5克，红卤汁(市售卤包1个，精盐、酱油、糖少许，加水煮滚)，精盐、酒、胡椒粉、淀粉各1小匙。

【调制要点】

①将黄瓜刮除外皮，切成3厘米厚瓜片，挖出籽部分；肉末加精盐、酒、胡椒粉。

②往黄瓜凹槽中撒少许淀粉，再填入肉末抹平，入蒸笼蒸约10分钟。

③取出放入锅中，加入红卤汁焖煮入味，起锅前加入烫熟的

毛豆仁即可。

【特色】 柔软细嫩,余香满口。

(2)牛肉煲南瓜

【原料】 牛肉 300 克,南瓜 600 克,生姜 1 块,精盐、白砂糖、生抽、生油各 1 小匙,淀粉 1 匙。

【调制要点】

①将生抽、生油、白砂糖、淀粉拌匀调成汁;牛肉洗净,沥干水,顺横纹切成薄片,加入调好的汁拌匀,腌透入味。

②将南瓜洗净,去皮、瓤,切成小块;生姜去皮,洗净,切成片备用。

③往瓦煲内加入适量清水和生姜片烧开,再放入牛肉煲熟,然后放入南瓜,文火煲至熟烂,加入精盐调味即成。

【特色】 瓜糯肉烂,清香可口。

(3)鸡肉烧栗子

【原料】 鸡胸肉、栗子各 200 克,红、绿椒丝各适量,葱花、姜末、蒜末共 12 克,盐 1/2 小匙,味精 2/5 小匙,蚝油 1 小匙,植物油 25 克。

【调制要点】

①将鸡胸肉切成块,栗子蒸熟并切成两半。

②往锅中加入清水烧沸,将香菇和栗子分别焯一下,捞出、控水。

③锅置火上烧热,加入植物油,烧至六七成热时,下葱花、姜末、蒜末爆锅,放入栗子、红椒丝、绿椒丝,再调入盐、味精、蚝油翻炒均匀,出锅装盘即成。

【特色】 脆腻可口,香甜味佳。

(4)猪蹄丝瓜汤

【原料】 猪前蹄 1 只,丝瓜 300 克,豆腐 250 克,香菇 30 克,姜 5 片,盐少许,黄芪、枸杞各 12 克,当归 5 克。

【调制要点】

①将猪蹄洗净剁块，入开水中煮 10 分钟，捞起用水冲净；黄芪、当归放入纱布袋中。

②将香菇洗净、泡软、去蒂，丝瓜去皮洗净切块，豆腐切块。

③用大火煮开锅后，改小火煮至肉熟烂（约 1 小时），再入丝瓜、豆腐续煮 5 分钟，最后加入盐调味即可。

【特色】　肉软瓜腻，甜鲜适口。

(5)心肺焖花生

【原料】　猪心 1 个，猪肺 1 个，花生仁 1 000 克，味精、香油、草果、八角、姜块各适量。

【调制要点】

①将猪心、猪肺分别处理好，洗净，切块；姜洗净，拍扁，切块；花生仁入沸水中汆烫，去皮。

②炒锅上火，注入清水 500 毫升，下猪心、猪肺、姜块、草果、八角，大火烧开，撇去浮沫。

③将汤汁倒入砂锅内，下花生仁，小火炖约 4 小时，调入盐和味精，淋入香油即成。

【特色】　柔腻甜鲜，风味独特。

(6)火腿肠拌丝瓜

【原料】　丝瓜 500 克，火腿肠 75 克，香油 1 小匙，植物油、精盐、白糖各 1 匙，味精 1 小匙。

【调制要点】

①把丝瓜洗净，削去外皮，从中间顺长剖成两半，挖去瓜瓤，先横切成 3 厘米长的段，再顺切成 0.5 厘米宽的条。将火腿肠切成 3 厘米长、0.5 厘米宽的条。

②往锅里放入清水，加入精盐、植物油烧开，下丝瓜条，用大火烧开，焯约 3 分钟，至熟透捞出，沥水，晾凉。

③把丝瓜条放入大瓷碗中，加入火腿肠条、精盐、味精、白糖，

淋入香油,拌匀即可。

【特色】 翠白衬红,嫩脆相宜。

(7)猪肉爆桃仁

【原料】 猪肉、桃仁各 200 克,红、绿椒丝各适量,葱花、姜末、蒜末共 12 克,精盐 1/2 小匙,味精 2/5 小匙,蚝油 1 小匙,植物油 25 克。

【调制要点】

①将桃仁洗净后蒸熟,去外衣,取出白色桃仁。

②将猪肉洗净切成丝条状,用沸水焯一下,捞出,控水,待用。

③往炒锅加入油烧热至六七成热时,放入肉丝翻炒 10 分钟;再放入桃仁、红、绿椒丝、精盐、味精、蚝油,翻炒均匀入味即成。

【特色】 肉嫩仁脆,红白绿显色。

(8)猪心莲子汤

【原料】 猪心 1 个,莲子 60 克,猪肉 15 克,生姜 1 块,精盐 1 匙,料酒 1 大匙,香油 1 小匙。

【调制要点】

①将莲子洗净去芯,猪肉洗净切丝,备用。

②将猪心去肥油洗净,入沸水锅中,加入料酒焯烫去除腥味后,捞出待用;将生姜去皮,切成片备用。

③将全部原料放入砂锅中,加入姜片、料酒、清水适量,先用大火煮沸,然后转文火煲 2 小时(或以莲子绵软为度),加入精盐,淋入香油即成。

【特色】 脆腻适口,鲜甜宜人。

5. 禽蛋菜谱

(1)鸡蛋焖土豆

【原料】 鸡蛋 3 个,土豆 500 克,洋葱 1 块,蒜 2 瓣,黑胡椒粉 5 克,油、盐各适量。

【调制要点】

①将土豆去皮切好,放入冷水锅中烧开后煮 5 分钟,关火,沥干水;洋葱切丝,蒜切片;鸡蛋磕入碗里,打散。

②在平底不粘锅内倒油烧热,然后倒入洋葱和蒜片,炒至洋葱变软时,倒入土豆片,加盐、黑胡椒粉炒匀,摊平;把蛋液均匀地倒在表面,摊匀;转小火,盖上锅盖,焖 20 分钟至表面的蛋液凝固,即可盛出切开食用。

【特色】　柔腻芳香,食不厌口。

(2)鸭蛋炒蟹味菇

【原料】　鸭蛋 2 个,鲜蟹味菇 150 克,葱花 15 克,精盐 3 克,味精 2 克,食用油适量。

【调制要点】

①将鲜蟹味菇去蒂洗净,切成 1.5 厘米小段;鸡蛋磕入碗中,加入蟹味菇、葱花、精盐、味精,用竹筷搅拌均匀成蛋液。

②将炒锅置旺火上,放入食用油,待油热后,徐徐倒入蛋液,逐渐凝固后,再沿锅边淋入食用油(25 克),用手勺炒拌,颠锅翻匀成小块,起锅装入盘中即成。

【特色】　色泽艳美,柔软鲜香

(3)鸽蛋炖银耳

【原料】　银耳 25 克,鸽蛋 10 个,清汤 1.2 千克,熟金华火腿肉 50 克,香菜 5 克,精盐 3.5 克,黄酒 10 克,味精 7.5 克。

【调制要点】

①将银耳用温水泡发,去根蒂,再用清水洗净,在开水锅中氽透,捞出控去水分;火腿切成末,香菜洗净,掐去梗,留叶。

②将鸽蛋外皮洗净,打入 10 个小酒盅里(盅内涂上 1 层油);再把香菜叶和火腿末粘在鸽蛋上,上屉用小火蒸 8 分钟取下,把酒盅泡入凉水中,拿出蒸好的鸽蛋,泡入凉水中。

③起锅放入清汤,加入精盐、黄酒和味精,把银耳与熟鸽蛋放

入汤内,汤烧开后撇去浮沫即可食用。

【特色】 玉白软嫩,味鲜适口。

(4)鹌鹑蛋菜心

【原料】 鹌鹑蛋12个,油菜心300克,水发海米20克,葱丝、姜丝、精盐、香油、味精、绍酒、水淀粉、色拉油各适量。

【调制要点】

①将鹌鹑蛋洗净,放入冷水锅中煮熟,再在冷水中过凉,去壳、洗净;油菜心洗净,顺长切成两半,放沸水锅中略焯,捞出冲凉、沥水。

②往锅中加油烧至五成热时,先下入葱丝、姜丝炒出香味,再烹入绍酒,加入海米、精盐、味精、油菜心、鹌鹑蛋和适量清水烧至入味。

③用水淀粉勾芡,淋入香油推匀出锅;将油菜心整齐地摆入盘中,鹌鹑蛋放在油菜四周即可。

【特色】 碧波揽月,色味俱佳。

(5)金钱蛋

【原料】 卤鸡蛋(或酱油蛋、茶叶蛋)5个,鲜蛋1个,湿淀粉25克,面粉15克,精盐、味精、熟花椒盐与甜面酱各适量,植物油500克(实耗100克)。

【调制要点】

①将鲜鸡蛋磕入碗中,加湿淀粉、面粉、精盐、味精,调匀成糊。

②将卤鸡蛋去壳后,切成6.6毫米厚的圆片。

③将炒锅置于旺火上,下植物油,待油烧至六成热时,逐片投入挂过糊的蛋片,炸至金黄色后捞出装盘,上面撒些花椒盐。食用时,可蘸甜面酱。

【特色】 色泽金黄,品味香松。

(6)蟹形蛋

【原料】　鲜鸡蛋 8 个,白糖 75 克,醋 25 克,湿淀粉 15 克,酱油、姜末、葱花、味精各适量,植物油 500 克(实耗 100 克)。

【调制要点】

①将锅置于旺火上,倒入植物油,待油烧至六成热时,将鸡蛋逐个磕入锅内炸 2 分钟,即捞起装盘。

②将锅中余油倒出,置火上,将酱油、白糖、醋、味精、姜末、葱花、湿淀粉等对成汁,倒入锅中勾薄芡,浇于炸好的鸡蛋上即可。

【特色】　酸甜醒胃,幼嫩爽口。

四、畜禽食材养生保健菜谱调制

1. 益气理血菜谱

(1)土鸡煲冬瓜

【原料】　土鸡 200 克,冬瓜 150 克,口蘑 50 克,香葱、葱、姜、干辣椒、精盐、辣椒酱、酱油、蚝油、胡椒粉、植物油各适量。

【调制要点】　将鸡肉洗净切块,加入葱、姜、精盐、酱油、胡椒粉、蚝油拌匀,腌制 5 分钟;冬瓜、口蘑洗净,切块;坐锅点火,倒油烧热,下入干辣椒、辣椒酱炸香;再放入鸡块翻炒;然后加入精盐、酱油,放入冬瓜、蚝油炒匀,再加入清水,放入口蘑;采用电炖锅煲 20～30 分钟至熟,出锅后撒入香葱即可。

(2)猪脚烧海参

【原料】　大猪蹄 1 只约 450 克,水发梅花参 200 克,虾胶 200 克,塘菜胆 12 棵,鲍鱼汁 150 克,蚝油 50 克,肉香王 2 克,老抽 10 克,上汤 1 500 克,姜汁酒 10 克。

【调制要点】　将梅花参切长条,焯水备用;猪蹄洗净后从背部开刀至 2/3 处,焯水后捞出,表面涂上老抽,再下热油锅炸至表面红色捞出,放入砂锅内,加鲍鱼汁、蚝油、肉香王、上汤,小火煲约 4 小时,至猪蹄酥烂取出,待凉后酿入虾胶,再上屉蒸熟,放入盘中;海参用猪蹄原汁烧至入味,也放入盘中,再放上焯熟的塘菜胆,浇原汁即可。

(3)桂圆山药炖鹅

【原料】 鹅肉 750 克,山药 50 克,桂圆 5 个,生姜 15 克,葱 15 克,料酒 1 大匙,精盐 1 小匙,味精 1/2 小匙。

【调制要点】 将鹅肉、桂圆、葱洗净;山药去皮,洗净,切块;姜洗净拍松。将鹅肉放入开水中汆烫,取出,切长方块;砂锅中放入鹅肉、料酒、精盐、姜、葱煮沸,转小火炖至鹅肉六成熟后,加入桂圆、山药继续炖至肉酥烂时,拣出姜、葱,放入味精即可。

(4)山药煲水鸭

【原料】 水鸭 1 只,鲜山药 200 克,红枣、香菇、竹叶、陈皮各适量,盐 1 小匙,白糖 1/2 小匙,胡椒粉 1/2 小匙。

【调制要点】 将水鸭洗净切块,红枣用水泡发,香菇洗净;鲜山药去皮切块,洗净。往锅中加水烧开,放入水鸭块焯一下捞出;再往锅中加适量水,放入鸭子块、山药、红枣、香菇、竹叶、陈皮,大火烧开后,转文火炖 1 小时,加入调味料即可。

(5)枸杞鸡肝汤

【原料】 鸡肝 4 个,枸杞子 30 粒,鸡骨头 100 克,枸杞嫩叶 1 束,生姜 3 片,精盐、胡椒粉各 1 匙,料酒 1 大匙。

【调制要点】 将枸杞嫩叶择下洗净备用;鸡骨头洗净,压碎或剁块与枸杞枝一起熬煮成浓汤待用;将生姜片榨成姜汁;鸡肝洗净,切成 1 厘米大小的块,入沸水锅中焯烫,捞出用清水洗净,再加入生姜汁拌匀待用;往浓汤中加入枸杞子,用中火煮半小时,再放入鸡肝、枸杞叶,加入精盐、料酒煮沸,然后撒入胡椒粉调味即可。

(6)黄芪灵芝鸡肉汤

【原料】 鸡肉 200 克,黄芪 40 克,灵芝 30 克,生姜 2 片,精盐 1 匙。

【调制要点】　将鸡肉洗净,去掉油脂、鸡皮,剁成块备用;黄芪、灵芝洗净,掰成碎块待用;锅置火上,加入全部原料,再加入适量清水,大火煮沸,再转文火续煲 3 小时,最后加入精盐调味即可。

(7)淮山炖乳鸽

【原料】　乳鸽 2 只,西洋参 25 克,淮山药 300 克,红枣 8 粒,生姜 2 片,精盐、料酒各 1 匙。

【调制要点】　先将西洋参洗净、切片,淮山药去皮、洗净、用清水浸泡半小时,红枣洗净、去核备用,乳鸽去毛和内脏、洗净、剁成块,入沸水锅中,加入料酒焯烫去血污,捞出沥水待用;然后将乳鸽、西洋参、淮山药、红枣、生姜放入炖盅内,加入开水适量,炖盅加盖,文火隔水炖 3 小时,加入精盐调味即成。

2.滋阴润燥菜谱

(1)蚌肉炖老鸭

【原料】　蚌肉 60 克,净老鸭肉 150 克,生姜 2 片,精盐、料酒各 1 匙。

【调制要点】　先将蚌肉洗净,沥水备用;老鸭肉洗净,剁成块,入沸水锅中,加入料酒焯烫去血污、腥味,捞出沥水待用;然后将蚌肉、老鸭肉、姜片放入炖盅内,再加入 12 杯清水,炖盅加盖,用文火隔水炖 2 小时,加入精盐调味即成。

(2)三莲鸡肉汤

【原料】　鸡半只,莲花 2 朵,莲子 60 克,莲藕 500 克,红枣 10 粒,生姜 2 片,精盐 1 匙,胡椒粉 1 小匙,料酒 1 匙,植物油 1/2 大匙。

【调制要点】　先将莲花去梗、莲子去心、莲藕去节、红枣去核,鸡除去肥油和鸡皮切成块;然后植物油起锅,放鸡块和姜片稍爆,把鸡块、莲子、莲藕、红枣一起入锅,加料酒、清水适量,先大火煮沸后,再用文火慢煲 1.5 小时;最后放入莲花续煲 10 分钟,用精盐、胡椒粉调味即可。

(3)菊花老鸡汤

【原料】 老鸡半只,菊花 5 朵,枸杞子 10 个,冬虫夏草 5 根,西洋参 5～6 片。

【调制要点】 先把菊花、枸杞子用水浸泡,再把去皮的老鸡、冬虫夏草和西洋参放在砂锅里炖至六七分熟时,倒入泡发的菊花和枸杞子,炖至熟烂即可。

(4)柴鸡香芋豆腐

【原料】 柴鸡 400 克,芋头 150 克,豆腐 200 克,葱花少许,精盐 1 小匙,味精 1/2 小匙,白糖、老抽各 1 匙,老汤 2 碗,色拉油 2 大匙。

【调制要点】 将柴鸡洗净,剁成块,入沸水锅中焯烫;芋头去皮、洗净,切成块;豆腐切成块备用;往锅中放入色拉油烧热,下入葱花炝锅,再添入老汤,放入柴鸡、芋头先煮 50 分钟至肉烂,再加入豆腐,调料煮 10 分钟即可。

3. 瘦身降脂菜谱

(1)番茄烧牛肉

【原料】 牛肉 400 克,番茄 150 克,葱、姜各 1 小匙,白糖、酱油各 3 小匙,精盐 1 小匙,味精 1/2 小匙,料酒 4 小匙,八角 2 粒,水淀粉、香油、植物油各 5 小匙。

【调制要点】 将牛肉去筋皮,切成菱形块,用开水焯过;炒锅上火放油烧热,下入大料稍炸,再下入葱、姜煸出香味后,烹料酒,入酱油,再用清汤煮片刻后,捞出大料加入牛肉块,周围码放番茄,再加入各种调料,煨至主配料熟烂入味后,加水淀粉,再淋入香油即可。

(2)笋干老鸭煲

【原料】 老鸭 1 只,笋干 100 克,火腿 50 克,枸杞子 10 克,姜1 块,精盐 2 小匙,料酒 2 大匙。

【调制要点】　将老鸭洗净,剁成块,入沸水锅中焯烫,捞出冲净备用;笋干、枸杞子洗净;姜洗净,切成片;火腿切片;往砂锅中放入老鸭、笋干、枸杞子、火腿、姜片、料酒,入清水没过原料,大火煮沸,再转小火炖 2 小时,加入精盐调味即可。

(3)火腿鸡蛋冬菜汤

【原料】　冬菜 25 克,火腿 50 克,鸡蛋 2 个,精盐 1 小匙,味精 1/2 小匙,葱油 1 小匙,清汤 1 碗。

【调制要点】　先将火腿切丝,鸡蛋打入碗中搅拌均匀备,冬菜洗净,沥水待用;然后往锅中添入清汤烧开,放入冬菜、火腿丝,再加入精盐、味精煮沸,然后淋入鸡蛋液、葱油即可。

(4)鸡块烧菠萝

【原料】　净嫩鸡 500 克,菠萝 100 克,葱花 1 小匙,植物油 20 克,料酒 2 小匙,酱油 1 小匙,盐 1/2 小匙,味精 1 小匙,水淀粉 3 小匙。

【调制要点】　先将嫩鸡洗净,剁块,入沸水锅中氽透,菠萝去皮,切块;然后往锅内倒植物油烧热,爆香葱花,放入鸡块翻炒均匀,加入料酒、酱油和适量清水,加盖烧至鸡块熟透,倒入菠萝块翻炒均匀,用盐和味精调味,最后加水淀粉勾芡即可。

(5)鸡丝金针汤

【原料】　鸡肉 150 克,金针菜 60 克,冬菇 3 个,黑木耳 30 克,葱 1 根,精盐、味精、淀粉、料酒、酱油各 1 匙。

【调制要点】　先将金针菜、黑木耳、冬菇用清水浸软,洗净,冬菇还要切成丝;葱洗净,切成葱花备用;鸡肉洗净,切成丝,加入料酒、酱油、淀粉码味上浆待用;然后将锅置火上,加入清水烧沸,下入金针菜、冬菇、木耳,用文火煲沸几分钟,再放入鸡肉丝煲至熟,然后加入葱花、精盐、味精调味即成。

4. 美肤养颜菜谱

(1)鸡丝莼菜汤

【原料】　鸡脯肉、莼菜各 100 克,鸡蛋清 1 个,精盐、味精各

1/2 小匙,绍酒 1 小匙,淀粉 2 小匙,鲜汤 1000 克。

【调制要点】 将鸡脯肉洗净,切成长丝,放入碗中,加入鸡蛋清、精盐、淀粉码味上浆;莼菜洗净,同鸡丝分别入沸水锅中焯熟,捞出,放入汤碗中备用。将锅置火上,添入鲜汤,再加入精盐、绍酒、味精烧沸,撇去浮沫,起锅倒入鸡丝、莼菜即成。

(2)猪蹄花生汤

【原料】 猪蹄 1 只,花生、甜豆各 50 克,胡萝卜 1 根,香菇 4 朵,姜 2 片,精盐 1 匙,胡椒粉 1 小匙。

【调制要点】 将猪蹄刮洗干净,剁成块,入沸水锅中焯烫,捞出备用;花生浸洗干净,胡萝卜去皮、洗净;香菇洗净,剞花刀待用;往锅中加入清水煲滚,下入所有原料用大火煮沸,再转小火煲 2 小时至熟,加入精盐、胡椒粉调味即可食用。

(3)番茄排骨汤

【原料】 小排骨 600 克,小番茄 12 个,罐头辣肉酱 1 罐,小鱼干少许,文蛤 40 克,盐 1 小匙。

【调制要点】 先将排骨用盐腌 3～5 分钟,然后油炸至金黄;番茄、小鱼干、文蛤与排骨一同放入焖烧锅内,加适量水,煮开后,续煮 3 分钟,接着移入外锅焖 1 小时。食用前,加入 1 罐辣肉酱与少许盐调味即可。

5. 补肾壮阳菜谱

(1)益补腰花

【原料】 猪腰 50 克,葱、姜、蒜各 15 克,白芝麻 10 克,白糖 1 匙,醋、高汤各 1/2 匙,酱油、料酒各 1 匙,香油 1/2 匙。

【调制要点】 将猪腰表面的膜去掉,切花刀,用冷水冲几分钟,去掉血水;坐锅点火倒入水,待水开后将腰花放入,焯一下取出,取一小碗,放入葱、姜、蒜末、醋、酱油、高汤、料酒、白糖拌匀浇在腰花上,烧少许香油浇在腰花上,撒上白芝麻即可。

(2)鹌鹑炖虫草

【原料】　鹌鹑 2 只,冬虫夏草 2～3 克,姜、葱白各 3 克,精盐 1 匙,胡椒粉 1 小匙。

【调制要点】　将鹌鹑宰杀放血、煺毛、洗净血污,并把虫草用温水洗净备用。将鹌鹑胴体放入沸水锅中焯烫,捞起;每只鹌鹑放入 2～3 条虫草,用线绳捆紧,放入砂锅中,加入姜、葱白、精盐、胡椒粉和适量清水,炖至鹌鹑熟烂即可食用。

(3)红烧猪尾煲

【原料】　猪尾 2 根,酱油 4 大匙,白糖 3 大匙,醪糟 3 大匙,姜 2 片,红辣椒 2 个,葱 3 根,蒜 5 粒,香菜少许,植物油 30 克。

【调制要点】　将葱洗净切段,香菜洗净切花;红辣椒切片;蒜切片;猪尾氽烫除毛,在关节处切小段。往煲锅中放油爆香葱段、蒜片与红辣椒,放猪尾同炒,再移入已烧热的煲锅中,加调味料改小火煮至猪尾软嫩,汤汁略微收干,放上香菜即可。

(4)黄芪鸡汤

【原料】　鸡腿肉、鸡胸肉各 200 克,山药半根,花菇 5 朵,人参须、黄芪各 15 克,枸杞子 8 克,黑枣 6 粒,精盐 1 小匙,料酒 120 克。

【调制要点】　将鸡腿去骨、切块、用沸水焯烫、捞出;山药去皮、洗净,切厚片;花菇泡水至软;人参须、黄芪、枸杞子、黑枣洗净备用。往汤锅中放入花菇、人参须、枸杞子、黄芪、黑枣与山药,再加入清水用大火煮滚,然后转小火炖约 20 分钟,再加入鸡腿肉、鸡胸肉、调料,续煮约 20 分钟即成。

(5)桂圆炖鹅肉

【原料】　鹅肉 500 克,枸杞 15 个,桂圆 5 个,红枣 6 粒,姜段 1 段,葱 2 根,料酒 2 小匙,精盐 1/2 小匙,味精 1 小匙。

【调制要点】　先将鹅肉洗净,切成 5 厘米长、3 厘米宽的块;红枣、姜、葱洗净;然后将鹅肉放入砂锅中,加适量水,煮沸,撇开浮油,加入枸杞、桂圆、红枣、料酒、姜、葱,转小火炖至九成熟,加入精盐、味精,继续炖几分钟即可。

五、畜禽食材食用禁忌

畜禽食材是千家万户日常不可缺少的食品,不仅营养丰富,而且对人们养生保健有特殊功效。我国民间流传了许多畜禽品种食材的养生保健偏方,一直沿用至今。在长期食用中也发现某种肉类与某种食物有相克现象,食后对人体健康不利,甚至有害,因此应当引起重视。

1. 畜禽食材品种与控制食用对象

猪、牛、羊、鸡、鸭、鹅等因品种不同,其个性有温、中、寒、甜、辛、苦等不同性质。这些品性对不同体质或患有某种疾病的人群不宜食用。畜禽食材品种与控制食用对象见表4-1。

表4-1　畜禽食材品种与控制食用对象

品种	本性	忌食或不宜多食的对象
猪肥肉	平	高血脂肥胖者忌食
猪里脊	平	高血脂肥胖者忌食
乌鸡	温	感冒发热或湿热内蕴患者应少食,严重皮肤病患者忌食
鸭肉	寒	患有寒性痛经的妇女忌食,感冒患者少食
鸡肉	温	高血压、肥胖者与严重心脏病患者少食
鸽肉	平	性欲旺盛者与肾衰竭者应尽量少吃或不吃
鸡腿肉	温	有肺痰干咳、痰中带血患者忌食
鸡胗	温	消化不良的人一次性食量不可过多
鹌鹑	平	有感冒发热症状的人不宜食用
五花肉	温	高血压、高血脂与心脑血管疾病人少食
猪蹄	温	患有肝病、动脉硬化与高血压病症的人应少食或不食
猪排骨	平	温热痰滞、哮喘患者慎食,高血脂肥胖者少食
猪肚	平	胆固醇偏高的人少食
猪肝	寒	高血脂、高血糖患者少食

续表 4-1

品种	本性	忌食或不宜多食的对象
猪血	寒	肝病消化道出血者忌食
牛筋	平	体内虚火偏盛的人不宜食用
牛肚	寒	发热患者慎食
牛舌	寒	患疮疥湿疹的人忌食
羊肉	温	牙痛口舌生疮上火患者忌食
羊排	温	咳吐黄痰,肺热者不宜食用
羊腰子	温	患有疮疥湿疹的人忌食
腊肉	温	有高血脂和高胆固醇等心血管疾病的人忌食
烧烤肉	温	肺痰、胃痰等疾病患者忌食
猪大肠	寒	脾胃虚寒便溏者忌食

2. 畜禽类食材相克的食物与后果

畜禽类食材与其他食物搭配不适合时,会损害人体健康。畜禽类食材相克的食物及后果见表 4-2。

表 4-2　畜禽类食材相克的食物与后果

搭配食物	产生的不良后果
猪肉＋菠菜	不利营养成分吸收
牛奶＋菠菜	易引起疾病
鸡肉＋芹菜	可损气伤精
兔肉＋芹菜	会引起脱皮
猪肝＋菜花	降低营养物质吸收
肉丝＋花菜	尿酸高患者会引发痛疯
牛肉＋韭菜	易使人虚火上升,牙龈水肿
羊肉＋南瓜	易引起黄疸和脚气病
兔肉＋红萝卜	会引起中毒
兔肉＋李子	同食会导致腹泻

续表 4-2

搭配食物	产生的不良后果
兔肉＋鸡血	易致腹泻
兔肉＋鸡蛋	易产生刺激胃肠道的物质而引起腹泻
猪肉＋鲫鱼	产生不良反应
猪肉＋春菜	对健康不利
猪肝＋豆芽	破坏二者营养价值
猪肝＋鱼肉	使人伤神
猪肝＋花菜	降低营养物质的吸收
鸡肉＋李子	会引起痢疾
鸡肉＋菊花	同吃会中毒
鸡肉＋芥末	伤元气、损健康
鸭肉＋大蒜	食性相克
鸭肉＋粟子	会引起中毒
鸭肉＋兔肉	影响营养吸收
鸡蛋＋红薯	同食会引起腹泻
鸡蛋＋茶叶	刺激胃,不利消化吸收
牛肝＋鲇鱼	功能相反,不宜同食
牛肝＋鳗鱼	功能相反,不宜同食
猪肉＋田螺	同食易脱眉毛
牛肉＋田螺	不易消化,会引起腹泻
猪血＋海带	易引起便秘
羊肉＋带鱼	食性相克
驴肉＋金针菇	同食会导致中毒
鸡肉＋糯米	可致肠胃不适
猪肉＋杏仁	会引起腹泻
鸡肾＋菊花茶	会引发中毒
鸭掌＋蟹	同食会引起腹泻

参考文献

[1]国荣洲．佐餐的典故[M]．福州:福建科学技术出版社,1986.

[2]李惠娟等．禽蛋奶类食品[M]．北京:科学出版社,2000.

[3]丁湖广．乡镇致富门路 500 条[M]．北京:金盾出版社,2008.

[4]马美湖．现代畜产品加工学[M]．长沙:湖南科学技术出版社,2001.

[5]岑宁等．猪产品加工新技术[M]．北京:中国农业出版社,2002.

[6]杨延位．畜禽产品加工新技术与营销[M]．北京:金盾出版社,2002.

[7]蒋家騢.告诉你怎么吃最安全[M]．上海:上海文化出版社,2011.

[8]范海.食物相宜与相克[M]．北京:中国人口出版社,2011.

[9]金彪.营养加倍家常菜「M]．长春:吉林科学技术出版社,2010.

[10]张振楣.现代饮食文明·餐饮世界[J]．2003(3):14～15.

[11]刘共和.食物巧搭配营养不流失·烹调知识[J]．2006(3):53.

[12]徐余康.药膳保健羹五款．食疗与保健[J]．2006(6):63.